环保进行时丛书

新生活新理念

XINSHENGHUO XIN LINIAN

主编：张海君

花山文艺出版社

河北·石家庄

图书在版编目（CIP）数据

新生活新理念 / 张海君主编.—石家庄 ：花山文
艺出版社，2013.4（2022.3重印）
（环保进行时丛书）
ISBN 978-7-5511-0951-2

Ⅰ.①新… Ⅱ.①张… Ⅲ.①环境保护－青年读物②
环境保护－少年读物 Ⅳ.①X-49

中国版本图书馆CIP数据核字（2013）第081071号

丛 书 名：环保进行时丛书
书　　名：新生活新理念
主　　编：张海君
责任编辑：贺　进
封面设计：慧敏书装
美术编辑：胡彤亮
出版发行：花山文艺出版社（邮政编码：050061）
　　　　　（河北省石家庄市友谊北大街 330号）
销售热线：0311-88643221
传　　真：0311-88643234
印　　刷：北京一鑫印务有限责任公司
经　　销：新华书店
开　　本：880×1230　1/16
印　　张：10
字　　数：160千字
版　　次：2013年5月第1版
　　　　　2022年3月第2次印刷
书　　号：ISBN 978-7-5511-0951-2
定　　价：38.00元

目 录

第一章　低碳服务，传递服务新理念

一、我们必知的服务常识 ………………………………………… 003

二、低碳服务业与传统服务业 ………………………………… 007

三、高碳服务需悬崖勒马 ……………………………………… 009

四、绿色服务时代的来临 ……………………………………… 012

五、低碳服务业的发展重点 …………………………………… 016

六、低碳服务业的发展方向 …………………………………… 021

第二章　低碳餐饮，低碳时代的绿色服务

一、我国餐饮业面临的绿色挑战 ……………………………… 027

二、餐饮绿色消费 ……………………………………………… 032

目

录

三、低碳酒店与低碳化服务 ……………………………… 035

四、我国餐饮业宏观市场环境 …………………………… 040

五、餐饮企业的绿色环保设计 …………………………… 043

六、餐饮企业的绿化 ……………………………………… 045

七、餐饮企业室内空气质量控制 ………………………… 050

八、餐饮企业的噪声控制 ………………………………… 056

九、低碳餐饮与节能降耗 ………………………………… 058

十、餐饮业污染物的治理 ………………………………… 062

第三章 低碳通讯，营造绿色的信息时代

一、小小SIM卡，绿色大文章 …………………………… 071

二、电子渠道——多样化的绿色服务渠道 ……………… 073

三、绿色营销模式——人性化的绿色服务模式 ………… 074

四、电信九大领域实现低碳经济 ………………………… 076

五、移动网络设备节能 …………………………………… 081

六、绿色手机报 ⋯⋯⋯⋯⋯⋯⋯⋯⋯⋯⋯⋯ 085

七、低碳通信的努力 ⋯⋯⋯⋯⋯⋯⋯⋯⋯ 089

第四章　低碳企业，向节能激进

一、节能与可持续发展 ⋯⋯⋯⋯⋯⋯⋯⋯ 095

二、节能的科学发展观 ⋯⋯⋯⋯⋯⋯⋯⋯ 99

三、节约型企业的含义 ⋯⋯⋯⋯⋯⋯⋯⋯ 102

四、余热资源 ⋯⋯⋯⋯⋯⋯⋯⋯⋯⋯⋯⋯ 105

五、空调系统节能 ⋯⋯⋯⋯⋯⋯⋯⋯⋯⋯ 110

六、电机系统节能 ⋯⋯⋯⋯⋯⋯⋯⋯⋯⋯ 115

七、过程能量优化 ⋯⋯⋯⋯⋯⋯⋯⋯⋯⋯ 123

八、高效节能照明 ⋯⋯⋯⋯⋯⋯⋯⋯⋯⋯ 129

目

录

第五章　低碳旅游，让绿色更亲近

一、认识旅游服务 ⋯⋯⋯⋯⋯⋯⋯⋯⋯⋯ 135

二、绿色规划旅游目的地 ⋯⋯⋯⋯⋯⋯⋯ 136

三、绿色旅游规划面面观 ·········· 138

四、环境预防管理的绿色设计 ·········· 144

五、绿色采购 ·········· 147

六、信息化与低碳旅游业 ·········· 149

新
生
活
新
理
念

第一章

低碳服务，传递服务新理念

一、我们必知的服务常识

一起来给服务下个定义

"服务"这个词，从广泛的意义上说，是在社会分工存在的条件下，人们分别进行不同的劳动，在不同行业中进行操作，彼此为对方提供服务。《辞海》是这样解释服务的："不以实物形式而以提供活动的形式满足他人某种需要的活动。"但在现实生活中，由于社会分工的发展，一部分人不从事工农业生产，只为他人提供非工农业产品的效用或有益活动，人们便把这种现象称之为服务。实际上，要想简单地说明服务是什么和它的本质是什么，是非常困难的。服务涉及人类复杂的行为，国内外至今也没有形成一个被普遍接受的权威观点。随着时代的变迁，对服务的理解也在很大程度上发生了变化，并不断被赋予新的含义。在现代社会，准确地理解和把握服务的内涵与外延，已成为经济、政治、文化各个领域的重要问题。

世界各国从事服务管理研究的学者们从不同角度对服务给予定义，一般认为，服务是一种为销售而提供的、能够产生利益和满足感，但又不引起商品实体形式变化的活动。服务是一种特殊的无形活动，它向顾客提供其所需的满足感；它与其他产品销售和其他服务并无必然的联系。

美国营销学会对服务的界定为：服务是用于出售或者是同产品连在一起进行出售的活动、利益或满足感。

Valarie Zeithaml和Mary Jo Bitner提出："服务是行动、流程和

第一章 低碳服务，传递服务新理念

绩效。"

Cengiz Haksever和Barry Render等提出："服务，就是提供时间、空间、方式或是心理效用的经济活动。"

James Quinn、Jordan Baruch和Penny Cushman Paquee认为：服务包括所有的产出不是实物产品或建筑的经济活动，它通常在生产的同时进行消费，并且以某种形式提供附加价值（例如便利性、娱乐性、时效性、舒适或健康），它特别强调与顾客相关的无形性。

Earl Sasser、R. P. Olsen、and D. D. Wyckoff从商品与服务的差异角度来理解服务：商品是有形的实物对象或产品，它能够创造和传递；它是一种超越时间的存在，因此能够在以后制造和使用。服务具有无形性和易逝性。它是一种形成和使用同时或者几乎同时发生的事件或流程。

James Fitzsimmons也持类似的观点：服务是一种顾客作为共同生产者的、随时间消逝的、无形的经历。

以上关于服务的定义都包含一个共同点，即强调服务的无形性以及生产和消费的同时进行，服务可以进行交易，但是它与有形产品交易的方式有所区别。若将商品理解为是一种有形的物品，它可以通过生产和销售等环节供消费者日后使用。从定义上看商品和服务似乎是泾渭分明、容易区分的，而在现实生活中，几乎所有商品的交易都是在服务推进下完成的。同样，每一项服务的提供，也都有伴随着的商品。商品和服务这两个概念并没有一道清晰的分界线的，它们是不可分割的统一体。

被称为北欧服务管理学派奠基人之一的芬兰瑞典经济管理学院服务营销学教授克里斯蒂·格朗鲁斯在综合了前辈学者思想之后就服务提出以下定义：

服务一般是以无形的方式，在顾客与服务职员、有形资源商品或服务

新生活新理念

系统之间发生的，可以解决顾客问题的一种或一系列行为。

我们认为，服务不仅是一种无形的活动，而且更是一种观念；服务的方式可以是一种劳动，一种行为，也可以是一种展示，其本质是无形的，极易消逝的，生产与消费几乎是同步的。服务是更好地与消费者沟通，挖掘消费者现有的或潜在的需求，并最大限度地满足需求、获得利润、创造财富、取得竞争实力的活动或过程。服务贯彻的是一种观念，一个服务于顾客的观念。不管是制造企业，还是服务企业，都在为顾客服务、为社会服务；不管是制造企业的员工还是服务企业的雇员，都是在为他人服务。企业得以生存、发展的途径正是为社会、为他人提供的服务得到了认可，从而获得了回报，因此，企业研究服务也好，研究质量也好，都不能离开消费者，即接受服务的人（不管是直接的还是间接的），为顾客服务的观念贯彻得好，服务质量就会提高，企业就会增强竞争力，才能得以持续、稳定、长久地发展。

不同角度的服务定义

从投入产出的角度定义服务。服务运营的过程实际上可以看作一个投入—变换—产出的过程。任何一个企业的运营过程实际上都是投入人力、物料、设备、技术、信息等各种资源，经过若干个变换步骤，最后成为产出的过程。但是，产出形态最后有两种：有形产品和无形服务。　实际上任何一个企业，无论是制造业企业还是服务业企业，其所提供的产出实际上都是"有形产品+无形服务"（或"可触+不可触"）的混合体。从顾客的角度来说，顾客无论购买有形产品还是无形服务，其目的都不仅仅是为了得到产品本身，而是为了获得某种效用或者说收益。因此，从产出的角度定义服务，可以把服务定义为"服务是顾客通过相关设施和服务载体所得到的显性和隐性收益的完整组合"。

1.这种定义的实质是

顾客所得到的不仅仅是纯粹的服务，而是包括服务载体等在内的一系列有形和无形收益的组合，也就是说，顾客所得到的是一个"完整的服务产品"，其目的是满足顾客的某种需要并尽量提高其满意度。但是，值得注意的一点是，对于制造业企业的生产过程，即投入产出过程来说，投入的只是制造产品所需的资源（人力、物料、设备等），而对于服务业企业来说，有时"顾客也是投入的一部分"，顾客需要身处服务系统之内，参与到服务过程中去，例如，医疗服务、律师咨询、投资理财等。

2．从过程的角度定义服务

服务是满足顾客需要的过程，正如Dorothy I. Riddle（1986年）和Leonard L. Berry（1984年）所说："服务与普通产品的最大区别，在于它主要是一个过程、一种活动。"制造业的产出是生产制造过程结束后的产物，即一种明确可得的有形产品，而服务则是从了解顾客的需要到采取行动去满足其需要，并最终赢得顾客满意的一个完整过程，而且过程本身包含顾客。

3．从服务的性状角度定义服务

从服务的性状角度出发，可以将服务定义为"可触和不可触两部分要素构成的组合"。任何一项服务也都是"可触+不可触"的混合体。这种定义强调了服务所具有的这样一个特点，即其中物质性部分（可触部分）易于统一地、定量地评价，但非物质性部分，如方便性、速度、友好程度、信任度、清洁度、气氛、吸引力等，不同顾客口味各异，难以统一地、定量地评价。

4．从管理的角度定义的服务

按照ISO 9000系列标准，服务被定义为："为满足顾客的需要，在同顾客的接触中，供方的活动和供方活动的结果。"从管理角度来看这个定义，服务既然是一种活动，提供服务的组织（供方）就必须对活动过程进行有效的计划、组织与控制；服务既然是一种结果，就必须达到满足顾客要求的目的。

新生活新理念

二、低碳服务业与传统服务业

低碳服务业是指以低碳技术为支撑，在充分合理开发、利用当地生态环境资源基础上，实现最小碳排放的现代服务业。其发展在总体上有利于降低经济社会的资源、能源消耗强度，是整个低碳经济得以正常运转的纽带和保障。

改革开放以来，我国服务业得到了很大发展，市场化、产业化和国际化水平有了明显提高，领域不断拓宽，服务水平逐步提高，服务产品不断丰富。服务业的快速发展推进了产业结构调整升级，在促进经济平稳较快发展、扩大就业等方面发挥了重要作用。我们应清楚地认识到，尽管服务业对环境的影响没有工农业那样直接和显著，也往往被人们忽视，但是服务业在提供服务的过程中也会消耗和使用实体产品并产生一定的废弃物、废水、废气和其他无形污染，对环境产生一定的负面影响。

首先，服务业在服务的过程中所消耗的资源会对环境产生不良影响。

服务业在为消费者提供服务的过程中，往往会消耗各种稀缺自然资源，与低碳经济原则相违背。目前，随着我国餐饮业的发展，造成一些濒危野生动植物的数量越来越少甚至几近灭绝；大量房地产开发不仅挤占了宝贵的绿地及有限的农耕地，还会造成植被破坏、土壤沙化、生态环境衰退的后果；旅游业的发展造成对原始生态环境的破坏；服务业中的各类交通工具都不同程度地消耗着石油等不可再生资源。

其次，服务过程中产生的废弃物和排放物对环境产生不良影响。

企业在进行服务的过程中，在不同程度上会利用或消耗有形的实体产品，这些有形产品的使用会产生废弃物和排放物，如果不能有效地进行治理，就会破坏环境和污染环境。这些废弃物和排放物主要包括三类：(1)服务型企业产生的固体废弃物。如在零售行业、饮食业和物流企业的服务过程中，大量使用的塑料包装、一次性餐盒等难以降解的塑料制品，造成了白色污染。(2)服务型企业排放的废水。随着我国餐饮业和宾馆业的快速发展，部分污水未经任何处理直接进入管网，甚至直接把污水就近排入江河湖泊，造成了严重的水体污染，极大地增加了城市污水处理的负荷。(3)服务型企业排放的废气。各种交通工具在行驶中会排放含有二氧化碳、铅、氮氧化物等污染物的尾气；同样，宾馆等服务业的采暖设施的排放物也会造成对大气的污染。

再次，服务过程中对环境产生的其他无形污染。这些污染主要有以下三类：

(1)噪声污染。服务业所依赖的众多的车辆、船舶、飞机等交通工具已成为最大的噪声来源，严重地影响着人们的身心健康；大量的基础设施建设和日益发展的房地产行业也带来了大量的建筑和装修噪声；歌舞厅等娱乐行业也会造成噪声污染环境。

(2)光污染。各大商店、娱乐场所和城市亮化区的灯箱广告亮化了城市，但也危害着人们的健康。

(3)电磁波辐射等污染。电磁波辐射污染通常被称为"电子烟雾"，现代人群大多生活在它的包围之中，手机、电脑和电视都是它的主要来源。另外，医疗和保健服务中使用的部分器械，在诊断和治疗疾病的同时还会产生放射性污染，对人体和环境造成伤害。

因此，只有实现了尽可能少的碳排放的服务业才可称之为低碳服务业。目前要推进我国低碳服务业发展，需要转变观念、拓宽思路、认清现状，着力解决存在的突出问题，加快推进服务领域改革，不断优化服务业发展的体制机制环境，构建有效促进服务业发展的政策体系，促进我国服务业快速健康和可持续发展。

三、高碳服务需悬崖勒马

1. 传统服务业

服务业是现代经济中的一个重要产业。服务业是利用设备、工具、场所、信息或技能等为社会提供劳务、服务的行业。商品的生产和交换扩大了人们的经济交往，为解决由此而产生的人的食宿、货物的运输和存放等问题，出现了餐饮、旅店等服务业。随着城市的繁荣，居民对生活质量要求不断提高，生活服务业已经成为现代社会中不可或缺的一个产业。此外，社会化大生产创造的较高的生产率和发达的社会分工也促使生产企业中的某些为生产服务的劳动从生产过程中逐渐分离出来（如工厂的维修车间逐渐变成修理企业），加入服务业的行列，成为为生产服务的独立行业。

随着社会的发展，服务业在现代社会生活中所占的比重越来越大，从表面上看，服务业比工业的碳排放要少，但是深入分析我们会发现服务业的碳排放也是不容忽视的。目前，中国的服务业在GDP(国内的生产总值)中所占比重不到40%，而在美国高达80%。相关研究表明，中国2050年的第三产业比重将达到63.7%，也就是说将来经济的重心必然是第三产业，节能减排的重点环节也在于此。

2. 不可小视的服务碳排放

服务业主要有餐饮业、零售业、物流业、旅游业和金融业等细分服务内容，为消费者、生产者和经营者等社会个体提供各种各样的服务需求。然而当前服务业中存在着诸多服务流程不合理、服务方式不恰当等缺点，大量

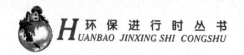

的资源和能源被浪费，与之伴随的就是大量无谓的碳排放。

（1）餐饮服务业碳排放

食物在生产过程中的碳排放也是不可忽视的，有研究机构对常见食物生产过程中的碳排放进行了计算，计算结果让我们感到吃惊。

食物是人类生存所必需的，但是大量食物被浪费的背后是社会资源的极大浪费，并间接导致了大量的二氧化碳排放。据亚利桑那大学的一个研究项目表明，每个美国人每天丢弃的食物将近0.6千克，一年可达219千克。同样，中国餐桌上的浪费也是惊人的，每天都会产生巨量的餐厨垃圾。来自北京市发改委的数字显示，北京市每天产生1200吨餐厨垃圾。清华大学环境系固体废物污染控制及资源化研究所的统计数据表明，中国城市每年产生餐厨垃圾不低于6000万吨。

社会的生活节奏越来越快的同时，餐饮服务业也极速增长，由此产生的餐厨垃圾也是不可小觑的。此外，餐饮服务业在追求所谓的客户服务品质的过程中，大量使用一次性产品，包括一次性筷子、一次性餐盒、一次性纸杯，等等。一次性产品的大量生产与消费，形成一种严重的社会病。它的罪名相当清楚：浪费资源，污染环境，与全面可持续发展的精神背道而驰。其中声名最为狼藉的，要数一次性筷子。据报道，中国每年消耗一次性筷子约450亿双，耗费木材166万立方米。需要砍掉约2500万棵大树，减少森林面积200万平方米。

（2）物流业碳排放

从20世纪末期开始，全球的电子商务蓬勃发展，2009年底全球网络购物人口预估超过6.24亿，IDC(Internet Data Center)预计2013年全球电子商务交易额将超过16兆美元。在如此庞大的电子商务交易市场中，除了网络商务资讯和电子支付平台的建设之外，还需要有先进的物流系统作为支撑，否则电子商务只能是空中楼阁。

随着电子商务的发展，物流的服务形态更趋向于实现门对门的服务，这也是B2C电子商务模式的必然要求，但与传统的商务模式对比，物流成本也剧增。此外，物流成本中还包含着巨大的社会环境成本。据测算，运输在整个物流中占有很重要的地位，总成本占物流总成本的35%～50%左右，占商品价格的4%～10%。有统计数据表明，2004年中国社会物流总额高达38.4万亿元，绝大部分来自采掘和加工制造业，而由此引起的货运、仓储和管理等活动的社会物流总成本高达2.9万亿元，占当年GDP的比重为21%。这一比重高于发达国家8%～10%，表明中国经济运行中的物流活动中没有很好地实现集约化运作，浪费了大量的运输和仓储资源，进而导致物流成本居高不下。

(3)银行业碳排放

银行等金融机构已经成了现代人生活中不可缺少的服务机构，银行也因为客户需求增加和同业竞争的加剧，不断开设服务网点以实现自身业务的扩展。截至2005年12月31日，单中国银行在全国就有超过11000间分行及分支机构，580个自助银行和11600部自助服务设备，国际网络有600多家海外分行、子公司和代表处。保守估计，中国所有银行的营业网点超过10万个，但是银行营业网点数量与服务水平成正比吗？

在现实生活中经常遇到的问题是由于银行业务办理流程的不合理，在银行办理业务排队现象非常严重，结果是浪费顾客时间、消耗顾客体能和制造顾客烦恼。每个顾客增加1小时的排队时间，以一个营业部一天150个顾客计算，一天就是150个工时，如按钟点工每小时10元劳务价格计，等于一个营业部给顾客造成了每天1500元的经济损失。也就是说，银行排长队，一个营业部一天损失GDP1500元，一年损失50多万元，造成了大量的社会资源浪费。

 四、绿色服务时代的来临

随着低碳生活理念的不断深化，消费者的绿色消费意识不断提升。服务业企业一方面要根据市场需求对症下药提供低碳化服务，提高自身的市场竞争力；另外一方面也要主动提高服务水平，降低服务过程中的资源浪费和碳排放，体现企业的社会责任。

1. 服务业低碳化

低碳化服务业提倡为社会提供绿色服务，就是有利于保护生态环境、节约资源和能源的，无污染、无害、无毒的，有益于人类健康的服务。绿色服务要求企业在经营管理中根据可持续发展战略的要求，充分考虑自然环境的保护和人类的身心健康，从服务流程的服务设计、服务耗材、服务产品、服务营销、服务消费等各个环节着手节约资源和能源，防污、减排和减污，以达到企业的经济效益和环保效益的有机统一。低碳化服务业包含生态旅游、绿色物流和绿色流通市场等。

英国政府在制订低碳化转换战略的时候，除了加大工业和能源等领域的节能减排新技术开发之外，也非常重视服务业的转型，他们所进行的一项研究表明：2007年英国绿色产品和服务的价值就达到了30亿欧元，预测到2015年将达到43亿欧元，在接下来的十年中，绿色产品和服务的价值将达到1060亿欧元，并且能促进88万人就业。

中国政府也在努力优化产业结构，推动产业升级，加快服务业发展的步伐。大力发展金融、物流、信息、研发、工业设计、商务、节能环保服务等面向生产的服务业，促进服务业与现代制造业有机融合。大力发展市政公用事业、房地产和物业服务、社区服务等面向民生的服务业，加快发展旅游业，积极拓展新型服务领域。

此外，由于消费者的绿色消费意识逐渐形成，对服务业的绿色化也提出了新的要求，在以科学合理的方式改善服务方式、提高服务质量的前提下，通过整合资源、优化流程、施行标准化等实现节能减排。此外，降低服务过程中对有形资源的依赖，将部分有形服务产品采用智能信息化手段转变为软件等形式，还要尽可能地物尽其用，进一步减少服务对生态环境的影响。

2. 绿色服务总动员

服务业的低碳化对实现社会的可持续发展有着举足轻重的作用，一方面可以减少社会活动的碳排放，另外一方面会引导并塑造客户的低碳消费观念，反过来进一步促进服务业的低碳化。服务业的低碳化和绿色化发展需要众多的服务主体共同努力，包括服务企业、生产企业、商业企业和政府机关等，在提高自身服务水平的同时不断降低自身的能耗和物耗水平。

(1)邮政业减排行动

2010年初，国际邮政公司宣布20国邮政达成减排协议。由此，邮政成为全球首个制订减排目标的服务行业。国际邮政公司的成员共拥有10万余处邮政设施及60余万部运输车辆。签署减排协议的20国邮政所投递邮件占全球邮件总量的80%，2008年排放二氧化碳836万吨，其制订的减排目标是2020年减至669万吨，即减少20%的二氧化碳排放。

奥地利邮政则宣布到2012年减少10%的二氧化碳排放量。为实现上述目标，奥地利邮政对运输车队采取了一系列措施，其中包括使用天然气和电力系统、提供满足最新尾气排放标准的运输车辆、采用替代驱动技术、优化投递路线以及对运输司机的环保培训。

美国邮政还对库房中耗能最大的2000座建筑进行详细的能源审计。这些建筑占地面积多达1600多万平方米，占到了公司能源消费的75%左右。对于那些确定存在减排潜力的建筑，公司至少可以采取措施减排80%。针对公司建筑物使用的目标和标准，邮政公司领导层已经建立了一个全国性的能源管理计划，包括在建筑物中引进若干大型太阳能光伏发电系统，直

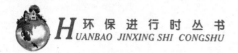

新
生
活
新
理
念

接把光能转化为电能。

(2)工商银行业务流程再造

银行是金融服务业的重要一员，客户又是银行价值创造的源泉，因此银行的竞争力很大程度上取决于为客户提供服务的能力。努力为客户提供最好的服务，才能赢得市场。工商银行是国内客户群体最大的一家商业银行，在国内拥有超过250万公司客户和超过1.5亿个人客户。如此大的客户规模，要实现服务的高效和低碳化具有非常重大的意义。

中国工商银行

工行从破除体制机制障碍、整合优化经营要素配置入手，进行了个人金融业务流程改造，改进服务流程，对前台营销类、业务操作类、离柜业务类和操作风险类的138项个人业务服务流程内容进行梳理、整合或精简，在风险控制允许的范围内，全面整合优化个人金融业务各类服务渠道，建立简便易操作的业务流程，增加离柜业务交易功能和提高离柜交易率，尽量多地实现交易的自动化处理。

在信贷和对公业务流程改造方面，工行也进一步整合评级授信和信用审批程序，改变过去评级、评估、授信分散，信贷业务审查审批环节过多的状况，充分利用信息化系统，推行点对点、一站式等更有效率的授信类业务运行模式。特别是对小企业，工行为其量身订制了独立的信用评级和授信体系，简化评级授信流程，大大缩短了对小企业贷款审批的"流程链"效率要求。

与此同时，工商银行充分挖掘电子银行的服务潜力，大力发展方便、快捷、适应个性化需求的电子银行服务渠道，向多元化、全天候、立体化方向转变，在客观上大大提高了金融服务水平。在网上银行、手机银行、电话银行、自动柜员机等电子化渠道服务能力方面，工商银行继续保持国内领先水平。截至2007年第三季度末，工商银行共拥有自助银行4005家，ATM机2.17万台，网上银行个人客户达3637万户，几项指标均在国内同业排名第一。工商银行电子银行的交易量也在国内同业中遥遥领先，2007年前三季该行实现电子银行交易额73.6万亿元，ATM单机日均交易量达到305笔，客户通过电子银行渠道办理的业务笔数已经占其全部交易的35.1%以上。

(3)低碳市政服务

政府在倡导创建低碳社会，建设低碳经济模式，强制企业向低碳方式转型的时候，首先应该身体力行，实践于行，从自身的运转成本上和对企业民众的服务内容上，都应该是从最大效率、最低能耗和最节省纸张、杜绝浪费的基本原则出发，成为低碳文明建设的表率。

欧盟早在2000年2月便提出了Green Light方案，这个方案是以城市照明为基础，致力于倡导绿色照明、节能减排的理念。该方案是正在进行的自愿性方案，政府呼吁欧洲私营或公营机构改善照明质量、投资节能照明系统，共享成功经验，共建低碳社会。其合作伙伴大小不同，其中有强生公司、麦当劳和宜家等大型连锁产业，占地面积超过100万平方米；也有如BeerseMetaalwerken(工业)和Terres＆Eaux(零售业)等只拥有不足5000平方米独立建筑的伙伴加入；更有众多大小不一的城市参与，如赫尔辛基、都灵、里昂、汉堡、萨尔茨堡等。近十年来，Green Light通过使用成熟的技术、产品和服务，从而使照明能源减少了30%至50%的消耗，内部收益率高达20%以上。

在法国巴黎就有租用公共自行车的市政服务，如果每次用车时间不超过半小时，那么就可以免费使用。而实际上，巴黎市内每隔200多米就有一个联网租赁站。大多数巴黎市民骑车车程也不会超过30分钟，租赁后在任何一个租赁站归还，相当于是免费服务。此外，在哥本哈根、伦敦和里昂等城市和地区都开展了这一便民的低碳市政服务。其中，自2005年5月

以来，里昂市的3000辆租赁自行车已行驶了1609万公里，这一数据相当于减少了汽车行驶所排放的3000吨二氧化碳气体，同时里昂市的机动车流量也下降了4%。

 五、低碳服务业的发展重点

目前要使我国的服务业顺利地从高碳向低碳转型，需要在餐饮、旅游、金融等几个重点行业进行改革，以对其他行业起到带头示范作用，促进整个服务业的健康可持续发展。

低碳餐饮

所谓低碳餐饮，可以理解为运用安全、健康、节能、环保理念，坚持低碳管理，倡导低碳消费，以维持生态的平衡性和资源的可持续利用性的绿色食物和饮料的生产和消费过程。因此低碳餐饮不仅仅要求食物本身的天然与营养，还要求食物的生产和消费过程的低碳环保。

低碳餐饮业

近年来，餐饮业的快速发展使其自身的诸多问题日益凸显出来。餐饮业对资源消耗、生态环境产生的消极影响、食品安全与卫生状况等问题引起社会的关注。而我国建设资源节约型、环境友好型社会的政策提出，实质就是追求低碳经济生活，以实现经济社会的可持续发展。在两型社会背景下，发展低碳餐饮是餐饮业可持续发展的必然选择。

对于餐饮企业来说，低碳餐饮应当保证食品生产与服务过程的低碳化。具体说来包括以下三方面内容：采购环节的低碳化、生产环节的低碳化和食品服务环节的低碳化。

首先，采购环节的低碳化。所谓采购环节的低碳化，即保证食品原料的安全与环保。第一，采购的货物必须来自于合法和安全的货源；第二，货物的数量与储备水平一定要与企业的生产和经营规模相适应。此外，严禁采购野生动物作为吸引顾客的卖点，餐饮企业应该明白自身在保护野生动物方面所承担的责任和义务。

其次，生产环节的低碳化。生产环节的低碳化包括两方面含义，即食品生产方法要确保食品的营养与卫生，生产过程要注意运用低碳技术组织生产。餐饮业由于其生产性质的特殊性，在生产过程中会消耗大量的能源，并产生大量的污染。《清洁生产促进法》明确规定，餐饮、娱乐、宾馆等服务性企业，应当采用节能、节水和其他有利于环境保护的技术和设备，减少使用或者不使用浪费资源、污染环境的消费品。因此餐饮企业应实行清洁工艺生产，集中使用水、电、汽，降低能耗，做好污水、废气和垃圾的处理工作，做到达标排放。另外，要充分结合本地能源优势，考虑利用自然能源，如在高原地区可使用太阳能采热系统。

再次，食品服务环节的低碳化。第一，禁止使用一次性发泡餐具，因为早在2001年国家经贸委连续下发了两个文件，要求生产企业和餐饮企业立即停止生产使用一次性发泡塑料餐具；第二，当用餐客人点菜时，服务员要本着"经济实惠、减少浪费"的原则推荐食品，并尽可能介绍低碳、

新生活新理念

健康的食品、饮品；客人用餐后应主动提供打包服务；第三，在人们对公共卫生和健康越来越关注的时代，创造一个整洁、安静、雅致的消费环境也会成为低碳餐饮的标志。餐厅的装饰采用环保无污染材料，空气清新，温度宜人，工作人员着装整洁大方。

低碳旅游

目前我国旅游业存在着很多问题。首先，旅游资源的粗放开发和盲目利用，缺乏深入调查研究和全面的科学评估与规划，匆忙开发。开发中重开发、轻保护，造成许多不可再生的贵重旅游资源的损害与浪费。其次，风景区生态环境系统失调。风景区的人工化、商业化、城市化，导致自然和人文景观极不协调，破坏了景观的整体性、统一性。再次，风景区环境污染严重。一些风景区的水土、大气等都有不同程度的污染。噪音、烟尘超过了规定标准。生活污水增多，垃圾废渣、废物剧增。这些把生态消费摆在首位，不惜以高碳排放量为代价来获取利润的做法，必须引起高度重视。

美丽的旅游景点

低碳旅游正是针对这种高碳旅游所生成的一种新型的旅游发展模式。作为旅游业可持续发展的良好形式，低碳旅游在许多国家和地区得到重视，其发展势头十分迅猛。虽然低碳旅游在学术界没有一个统一的定义，但是都会遵循以下共同原则，即以自然为基础、对自然保护作贡献、当地社区受益、负有道德规范与责任、可持续性、低能耗、低污染、低排放、旅游享受与体验和文化熏陶等。

第一，低碳旅游提倡尊重自然环境。低碳旅游尊重自然的异质性，它是在可持续发展理念指导下，强调对自然环境的保护，要求旅游者约束自己的行为以保护自然环境，以欣赏、探索和认识大自然为目的，对自然环境、生态平衡具有较高的责任感，同时要求旅游从业者开展工作必须围绕自然环境的保护而进行，不能为了获得经济效益而牺牲生态资源。

第二，享受自然是低碳旅游的目的之一。科技化进程的负面影响是人们对自然环境的索取和掠夺，不可避免地出现了森林资源迅速减少、空气污染、生态平衡等自然环境的恶化。人们期待能更多地享受自然环境的美，于是以亲近自然和享受自然为主的低碳旅游备受青睐。低碳旅游与近代旅游业产生以来的各种类型的自然山水旅游的根本不同之处，正在于对享受自然观念的转换。

第三，关注可持续发展的旅游。低碳旅游的核心是旅游的可持续发展，它强调低能耗、低污染、低排放，强调当代人与后代人享受旅游资源机会均等，当代人不能以牺牲和破坏旅游资源为代价剥夺后人本应享有同等旅游资源的机会。它要求人们从长远的角度进行旅游资源的开发，确保旅游活动的开展不会超越旅游接待地区目前和未来的接待能力。

第四，带来了经济效益的提高。旅游业是国民经济中产业关联性较强的产业之一。国家自然保护区、国家森林公园、国家风景名胜区等区域通过低碳旅游的发展，可以减少这些旅游区域居民的经济压力，增加居民就业机会，优化产业经济结构，从而提高当地的经济效益。

第五，生态环境与旅游相互影响。低碳旅游有保护生态环境和旅游活动两大事项，低碳旅游要持续发展，应是一种不以牺牲环境为代价，与自然环境相和谐的旅游，必须把握适度的开发速度，控制接待人数，增强环境意识，否则，太多的游客会对旅游区的环境造成严重影响。

低碳金融

金融作为一个国家经济的核心，在引导资源、优化配置方面发挥着核心作用。一个国家的金融越发达，其资源配置的效率越高，越能促进经济的发展。低碳经济作为一种创新型的经济发展模式，在现实的经济发展中要得到贯彻执行需要有效地对资源进行引导，以实现用低碳经济的模式配置资源。为支持国际社会加强节能减排、发展低碳经济，国际金融界积极倡导低碳金融创新，促进金融业向适应低碳经济发展转型。低碳经济要得到发展自然离不开金融的支持，金融的低碳化经营就是对这种经济发展模式最好的支持。

低碳金融是指金融机构和组织运用相关的金融产品和服务，在引导资金流向、配置社会资源中要考虑到生态保护和对污染的治理，通过加大对环保产业和技术创新的支持力度，以期达到经济的持续发展和社会福利的持续最大化的一系列金融活动。

低碳金融是现代金融发展的一个重要趋势，在本质上它与传统金融的运动过程基本一致，都是聚集社会闲散资金，为资金紧缺部门融资，以优化资金配置，取得较高的经济效益。而低碳金融突出的特点是将生态因素纳入金融业的核算和决策体系中，它关注环保产业、生态产业等有长远效益的产业，以未来良好的生态效益和环境效益支持金融的长远发展。

从目前国际金融界的实践来看，低碳金融涵盖了两个方面的内容：一是为有利于环保的企业提供直接金融支持。这类金融产品如低碳信贷、低碳证券、低碳保险等，大都采纳了"赤道原则"等标准，提高管理环境和社会风险的能力，直接为能促进节能减排的企业提供投融资产品，也使金融机构有机会分享低碳经济发展带来的长期经济效益。二是利用金融市场及金融衍生工具来限制温室气体排放。这类金融产品，大都开展从量上限制排放以缩小生态足迹的碳金融活动，在支持《京都议定书》减排机制的实施和减排目标实现的同时也遵循金融交易的准则。

目前我国低碳经济发展仍处于起步阶段，在观念认识、制度环境、法律与政策、管理体制、技术支撑和外部推动力等方面均存在不同程度的缺陷和不足。所以，我们必须积极培育低碳经济发展的土壤，而要达到这一效果，金融的支持必不可少。尤其是像我国正处于经济转型期，金融调配资金的状况将直接影响到我国经济结构的调整和在世界中的竞争力，与国家的长远利益有着密不可分的关系。因此，金融业要加大对低碳经济的支持力度，发展低碳金融就是促进经济增长快速向循环经济模式转变、进而实现经济的可持续发展的重要一环。

 ## 六、低碳服务业的发展方向

处于社会环境中的服务业在经营过程中既要受到来自企业外部因素的影响，又要受制于企业自身的管理和决策。就目前的实际情况来看，我国要发展低碳服务业，首要的条件是政府要提供一个良好的外部环境，综合利用法律法规等强制手段和经济调节手段规范服务企业及相关企业的行为。同时，政府部门还需利用自身作为消费者的角色制定政府的低碳采购制度，此外在提供综合服务时应尽可能减少对环境的碳排放，起到引导市场低碳消费的示范作用。其次，服务业发展低碳服务还离不开相关企业的低碳合作及消费者的低碳需要的拉动。最后，服务业在经营过程中也要加强自身的低碳管理和经营理念，共同营造服务业的低碳发展之路。

发展低碳服务业的外部对策

1．政府部门应尽快制定和完善相关法律、法规和政策制度

首先，政府部门应建立和完善市场体制和市场环境，为企业营造一个相对公平的竞争环境，打破服务业多领域的垄断和管制，从而实现资源的最优配置，提高服务业的效率，在减少资源浪费的前提下实现资源的最大节约，为低碳服务业提供公平竞争的市场舞台。

其次，政府作为法律法规的制定部门，应建立健全相关的法律法规，为发展低碳服务业提供有力的法律保障。从我国现有的治理企业生产行为的法律结构来看，针对生产环节，已有的《节约能源法》《可再生能源法》主要强调资源和能源的投入减量；《清洁生产促进法》主要强调生产过程中的废弃物减量；《固体废物污染环境防治法》主要强调废弃物产生以后减少对环境的影响，这从一定程度上说是我国末端治理思想的体现。目前，我国还没有有关资源化和再利用方面的专门法律，因此应尽快制定《资源循环利用法》。

再次，政府作为管理部门还可以制定一系列促进低碳服务业发展的经济政策和制度。例如：通过制定财政补贴、减免税收以及优惠的信贷、投资等政策，鼓励低碳服务产品的开发和推广，鼓励从事污染治理和废弃物循环利用的企业，从而逐步形成低碳服务产业，既满足了社会的绿色需要，又实现了国民经济的可持续发展。反之通过重税、取消财政补贴、收取高额排污费等政策，迫使部分服务企业放弃高能耗、高污染、高排放的服务行为，逐步转移到可持续发展轨道上来。

2．消费者的低碳服务需求

消费者的低碳需求是促使企业提供低碳服务的主要动力，正是在这种动力的驱动下，服务企业才会不断地为消费者提供低碳服务。充分运用各种手段加强低碳服务的社会宣传，在众多主流新闻媒体上以公益广告的形式大力宣传环保的理念，树立低碳消费是时尚行为的榜样，使环保的理念深入人心，使公众养成低碳消费的行为习惯。引导消费者正确购物和环境友好或环境保全地消费，尽量减少包装垃圾，鼓励消费者选购以再生资源为原料的制品；教育消费者和单位尽可能减少垃圾排放，增进反复利用意识，对生活耐用品如家电、家具等可通过旧货市场交易，或送交到指定回收点，不要随意丢弃。

发展低碳服务业的企业内部管理对策

1. 树立低碳管理理念

低碳管理理念是企业进行低碳管理的核心与灵魂，要求企业在发展过程中，应具备强烈的环保意识，要以长远的战略眼光来看待环境保护问题。企业通过开发低碳服务，进行低碳管理，使服务低能耗、高环保，积极满足低碳消费需求，进而增强企业的低碳竞争力。

2．选择清洁服务途径

实现服务途径清洁化是服务企业实现低碳化转向的重要标志之一。在传统强势服务行业中，批发零售贸易业可主要开展低碳营销、电子商务、开辟低碳采购通道、引导低碳消费等来创建低碳化的服务途径；在餐饮宾馆业中，开辟低碳客房、开设低碳餐厅、提供打包服务、按顾客意愿提供一次性用具等是低碳化服务途径的主要形式；在交通运输业中，可以通过发展轨道交通、合理规划行驶路线、使用电动车和混合动力车辆等形式的现代低碳交通工具来实现服务途径的低碳化。因此，必须根据不同的服务行业的服务特点开展不同形式的服务途径低碳化过程。

3．积极参与低碳认证

低碳认证是企业推行低碳管理的有效途径，也是提高企业国际竞争力的重要砝码。而ISO 14000则是国际标准化组织制定的环境管理国际标准，是目前最具代表性的低碳认证。

4．大力开展低碳营销

服务型企业在营销时应加强低碳消费理念的宣传，传递低碳消费信息，使消费者都认识到低碳消费的好处；通过低碳消费知识的教育，向广

大消费者普及低碳消费知识，提高消费者的环境保护意识，形成低碳消费观，使消费者建立合理的低碳消费结构和多样的低碳消费方式等等，以此促进服务业不断强化低碳服务意识，不断改进低碳服务措施，就能为我国企业开辟一条增强竞争力的新途径，这是我国企业实现可持续发展的必然选择。

新生活新理念

第二章

低碳餐饮，低碳时代的绿色服务

一、我国餐饮业面临的绿色挑战

随着经济的不断发展、人们生活水平和消费水平的不断提高，餐饮业得以迅速发展。但餐饮消费盲目乐观，缺乏一些冷静和理智，同时也带来了诸多环境问题，这些都是摆在人们面前的一个亟待解决的难题，其主要有以下几种表现。

1.消费者非理性消费

(1)餐饮消费的过度增长是以资源浪费和生态被破坏为代价的。近年来，随着人们餐饮消费需求的多元化，人们不再局限于仅仅吃"土里长的"了，而是将"天上飞的""地上跑的""水里游的"等众多美味佳肴一并揽入口中，其结果是造成某些动物的灭绝和生态的失衡。

(2)我国餐饮消费迅速增长，很大程度上源于大吃大喝之风的盛行。这种餐饮消费的畸形增长，助长的是攀比、浪费的不良之风。

(3)餐饮消费迅速增长带来越来越多的健康问题也不可忽视。在一日三餐逐渐社会化的今天，营养和健康成为餐饮业不得不面临的严峻挑战。因为人们虽然吃得越来越好，但并没有营养和健康起来，而是不少人吃出了痛风、高血压、糖尿病等富贵病。卫生部对中国人健康状况的一项调查表

"餐饮营养"问题迫在眉睫

环保进行时丛书
HUANBAO JINXING SHI CONGSHU

明，19%的人患有高血压；2000万人患有糖尿病；还有1.6亿人被诊断出患有高血脂；总计有2亿中国人超重，6000多万人曾因肥胖问题就医。难怪有关专家为此呼吁中国重视餐饮营养问题迫在眉睫。

2.经营者缺乏诚信

中国消费者协会对餐饮市场进行了专项调查，并结合各地的消费投诉综合分析，一些餐饮企业存在以下不良经营行为：

(1)免费消费附带条件：某些餐饮企业名为免费实际是附带一定条件的。如免费喝啤酒，是在消费者消费达到一定数额的基础上免费送一定量的啤酒；免费吃水饺，是在客人消费一定数量菜肴后，才免费吃一定数量的水饺。如此免费消费，往往是"羊毛出在羊身上"，将所免费用加到菜金和酒钱里去，最终的免费是虚的。

(2)鲜活食品偷梁换柱：某些酒楼、餐馆的经营者，对海鲜类食品采取以大换小、以死充活的方式坑骗消费者。到酒楼就餐，服务员当着客人的面在水缸里挑一只大龙虾，上菜时，龙虾变小了。一些酒楼当着客人面挑选好了一条活蹦乱跳的鱼，等做熟后却是：鱼眼下陷、无光泽，肉发黏，还有土腥味。

(3)收费项目不明示：某些酒楼、餐馆的酒水饮料价格往往不明码标价，酒水价格仅凭服务员嘴说，价格比市场上高出一倍甚至数倍，消费者餐后付费时大呼上当；有些餐饮企业巧立收费项目，就餐前提供给消费者的小菜和纸巾也要收取几元钱的费用。

(4)结账凑整加无名钱：一些餐饮企业实行电脑打印消费清单，消费者结账时一目了然，但有的餐饮企业借消费者当着客人的面不好意思细算，结算时往往加上无名之钱，或者就高凑成吉祥数388元、488元等坑害消费者。

(5)自带酒水掏开瓶费：一些餐饮企业巧立名目收取高额开瓶费。某消费者宴请几位朋友，自带了一瓶三百多元的茅台酒，待结账时却被告知需加收20%的开瓶费。

(6)包间大堂菜价有别：一些酒楼设有贵宾厅，其菜价大多高于大堂菜价。而由于酒楼服务员未明确告知或标清楚，消费者以为贵宾厅和大堂的菜价一样，没弄清楚以前就去消费，结账时很容易产生消费纠纷。

(7)点菜力荐大盘中盘：一般南方酒楼标价牌上的价格，都是例盘价格，没有中盘或大盘的价格，但点菜时服务员往往推荐中盘或大盘，因为菜肴大盘、中盘的价格与例盘并不一致，消费者结账时才发觉需多付钱。

(8)缺斤短两坑蒙拐骗：酒楼、餐馆中的海鲜通常由顾客选择鲜活的称重后再做，个别酒店称后分量不够、缺斤短两是常事。比如点500克基围虾，有的酒楼在上菜时往往会少五六只，以此坑害消费者。

(9)包间套餐暗藏猫腻：个别餐饮企业制订包间套餐标准，无形中剥夺了消费者的选择权，而套餐不但菜不好吃，而且比点菜贵了很多。

(10)打折促销有"折扣"：一些餐饮企业为竞争推出打折优惠活动，门口标语是打折，但到消费者结账时，告知打折时间已过，或菜价打折而酒水不打折，或只是部分菜肴打折，让消费者多掏钱。

3.卫生管理有待规范

对餐饮业的卫生管理，国家的《食品卫生法》和有关的卫生标准都有严格的规定和要求。一般要求厨房必须具备这样几个功能间：蔬菜粗加工间、库房、餐具消毒间、面食加工间、副食加工间。制作出售凉菜的还要设置专门凉拼间，凉拼间必须独立密封，内部设有紫外线消毒灯进行消毒。安装空调保持室温在25℃以下。后厨功能间的设置必须符合工艺流程，不能有回路交叉，以防止相互交叉污染。地面、屋顶、四壁用无毒、无害、不透水、易清洗的材料如白瓷砖等贴面，保持内部环境清洁卫生。

可是目前相当一部分餐饮企业的后厨是墙壁黑乎乎，地面污秽不堪；地沟堵塞，恶臭难闻；生熟不分，一个砧板切了生肉又切直接入口的熟菜；餐具不消毒，蔬菜不清洗；厨师光着上身操作。更有甚者，一些餐馆是一间屋既住人又当操作间，这种情况让人一看就会恶心呕吐，更别说品尝什么美味了。

4.环境污染严重

(1)废水污染。餐饮业所排放的废水有两类：第一类是含洗涤剂的洗涤

卫生管理十分重要

废水，主要是用于清洗各类食物、餐具以及毛巾、餐巾等织物所排放的废水；第二类是一般生活废水，如洗漱、冲厕、拖地等排放的废水。这些废水排放量大，基本无毒，但水质不稳定，富含碳水化合物、氨基酸、动植物脂肪、肥皂和合成洗涤剂，还含有细菌、病毒等使人致病的微生物，这些废水直接排入江河，会消耗水体的溶解氧，也会产生泡沫妨碍空气中的氧气溶入水中，使水体发臭变质。目前城市中许多河流的富营养化在很大程度上是由此类废水排放引起的。

(2)废气污染。餐饮业的废气来源大致有三类：一是燃煤产生的煤烟废气。许多厨房、取暖等所用的燃煤锅炉，还有一些露天大排档及露天烧烤产生的大量烟尘，其中含SO_2、NO等有毒有害气体，对人体危害极大。二是厨房、餐厅排出的大量含油烟废气。此类气体苯并芘浓度高，有异味，极易刺激人的呼吸道，引发呼吸道疾病；三是室内烟草烟雾污染。人群集中并且大量抽烟，烟草的烟雾中含有多环芳烃类如苯并芘等焦油物质，还含有CO_2、CO、NO等气体，致使室内空气极度浑浊，严重危害人的身心健康。这些废气排放源分布广，排放污染物量大，呈间歇性，且排放高度相对低，由于城市人口密集度高，排出的污染物较易积聚，不易扩散，数量相当可观，危害不小，是造成城市大气污染的重要因素。

(3)固体废弃物污染。餐饮业的固体废弃物主要来源于厨房及丢弃的一次性餐具。厨房包括挑拣剩下的无法食用的食品原料以及剩饭菜等，此类物质富含营养，有机物含量高，极易腐败发臭，产生恶臭气体，甚至招引蚊蝇，传播疾病。一次性餐具主要有一次性筷子、一次性餐盒、一次性桌布、一次性餐巾等。这些一次性用品的使用造成了较大的资源浪费，特别是一些塑料废弃物回收困难，在环境中不易降解，焚烧又会带来二次污染。目前许多餐饮单位对所产生的废弃物收集不规范，甚至随意丢弃，致使下水道堵塞、河流淤积、周围环境脏乱不堪，景观遭到严重破坏。

(4)噪声污染。噪声污染是餐饮业扰民的一个很重要的方面，主要有三种噪声源：厨房中大功率的抽油烟机所产生的噪声，空调机所产生的噪声以及人们娱乐活动所产生的噪声。据资料显示，各类噪声值分别为：空调机风扇声为45～60dB（A）（在受影响的窗口测量），卡拉OK厅为85～95dB（A）（OK厅内），迪斯科舞厅为90～120dB（A）（迪厅内），其他舞厅为78～95dB（A）（舞厅内）。可见，位于居民区、学校、医院等附近的餐饮娱乐场所的噪声对居民生活的影响非常大。

总之，餐饮业存在的盲目消费、缺乏诚信、卫生管理漏洞多、环境污染重的问题，与餐饮业的安全、健康、环保的绿色营销理念背道而驰，需要全社会和餐饮行业的重视。在餐饮业推行绿色营销管理任重而道远。

新
生
活
新
理
念

二、餐饮绿色消费

消费者是餐饮企业绿色营销过程中的核心推动力量，因此，对于餐饮经营者而言，分析、研究消费者及其购买行为，对于餐饮企业能否成功地开展绿色营销活动至关重要。

餐饮绿色消费

1.传统餐饮消费模式是一种非持续性的消费模式

消费问题是环境问题的核心。传统餐饮消费模式是以追求消费数量的增多为特点的，本质上是一种资源耗费型模式，因而是非持续性的。当前餐饮业的过度消费、营养不健康、经营缺乏诚信、环境污染、资源耗竭、卫生不安全等问题，主要是由不受制约的传统餐饮生产和消费方式所造成的。由此可见，传统的餐饮生产和消费模式对环境和发展造成了巨大危害。要解决此种环境问题，就需要建立一种可持续的消费观念，从环境与发展相协调的角度来考虑餐饮消费模式问题。

2.新的消费模式——绿色餐饮消费

绿色营销引入了可持续性和社会责任两大原则作为基本观念，由此出发可知，绿色餐饮消费实质上是指以可持续的和承担社会责任的方式进行消费。绿色餐饮消费在满足人们的基本需求、提高生活质量的同时，使自然资源的消耗最少，消费过程中产生的废弃物和污染物最少，从而使消费的结果不致危及人类后代的需求。可见，绿色餐饮消费是一种崭新的消费模式。绿色餐饮消费是个过程，即消费者部分地或全部地按环境标准或社会标准做出购买或不购买决策的过程。

3.影响餐饮消费模式的因素

(1)技术因素（包括设备、材料等方面）。技术对于绿色餐饮消费具有重要作用。人们通过应用专业技术，改进工艺流程和改善管理，节约原材料和能源，淘汰有毒原材料，减少生产中产生的废弃物的数量，提高卫生安全，注重营养，合理膳食等，可以达到绿色餐饮消费的目的。

(2)社会和心理因素。社会、心理、文化传统和价值观对于餐饮产品的需求具有重要影响。通过改变人们的消费观，解决形成心理需求的因素，可以减少不断增长的餐饮消费带来的环境等负面影响。例如，当人们普遍对月饼过度包装予以指责时，此种现象自然会减少甚至消失。

(3)法律和经济因素。环境立法和经济管理系统可以影响和引导餐饮消费。与饭店餐饮业有关的法律法规：①国家法律及相关实施条例，如《中华人民共和国食品卫生法》《中华人民共和国环境保护法》；②政府行政主管部门和地方的政策法规，如《饭店业食品卫生管理办法》《食品生产经营单位废弃食用油脂管理的规定》《饭店业开业的专业条件技术要求》；③国家、行业相关标准，如《旅游饭店星级的划分与评定》《酒家酒店分等定级规定》《绿色饭店等级评定规定》《饭馆(餐0厅)卫生标准》《食(饮)具消毒卫生标准》《生活饮用水卫生标准》《公共场所卫生标准监测检验法》等。如果政府重视，部门执法严格，企业自觉维护，那么对消费者的引导和影响是巨大的。

绿色餐饮消费者

在理解了绿色餐饮消费之后，绿色餐饮消费者的含义就迎刃而解了。简言之，绿色餐饮消费者是指从事绿色餐饮消费的人群，也是餐饮企业产品的购买对象和企业绿色营销的目标对象。根据国内外进行的大量调查和研究发现，绿色餐饮消费者通常有以下特征。

1.绿色餐饮消费者的行为是变动的

有的餐饮消费者在购买时考虑的首要问题是价格，因而当绿色产品与一般产品价格接近时，他们可能会购买绿色产品，而当绿色产品因加工工序过多而导致成本提高，价格高于一般产品时，他们就可能选择非绿色产品。例如，上海近年来大力推广可降解材料制作的一次性餐具，以替代白色泡沫餐具，但成效甚少，原因就是由于可降解材料制作的餐具比泡沫塑料制作的餐具成本高。又如，毛蚶是甲肝病毒的传染源，曾使上海几十万市民因食用毛蚶而染上甲肝，然而，毛蚶又是一种鲜美的水产品，因而会引起一些消费者甘冒可能传染上甲肝的危险而食用毛蚶。

2.绿色餐饮消费者对绿色产品的认识较模糊

由于我国引入绿色营销是近几年的事，绿色产业刚刚起步，法制还不健全，行业标准尚未完善，绿色消费意识不足，绿色产品鱼目混珠等原因，导致很多消费者不知道市场上什么是绿色产品，什么是非绿色产品，尤其是餐饮消费者，对绿色餐饮"安全、健康、环保"的绿色理念的内涵知之甚少。

3.儿童会使餐饮消费者产生绿色差异

出于对孩子的关心，做父母的可能比无孩子的成人更关心环境问题。在家庭中，母亲与孩子是最倾向于绿色消费的组合。通过以儿童为目标的教育和文娱节目传播大量环境信息，会引起儿童对绿色问题的强烈关注，从而使儿童成为家庭中绿色购买过程的影响者和倡导者。

4.绿色餐饮消费者之间存在差异

餐饮消费者之间的绿色消费存在差异。例如，有的消费者对食品卫生状况较为关注，但对会影响身体健康的吸烟嗜好却不愿割舍；而有的消费者对烟草敬而远之，但对可能传染肝炎的毛蚶却一点也不惧怕。

5.绿色消费者变得日趋成熟

随着人们生活水平的提高，对绿色餐饮的关注度会越来越高，绿色餐饮消费氛围也会逐渐形成，绿色餐饮消费者也将日趋成熟。

三、低碳酒店与低碳化服务

低碳酒店是将环保低排放理念植入酒店建设和经营之中，近年来成为了一种创意和时尚。对于酒店来说，选择节能减排、低碳环保，不只是企业的社会责任、响应政府的号召，更是为企业提供一种全新视角来审视流程、定位、行业、供应链、价值链，从而降低成本、增加效益、创造价值并构建自己的竞争优

低碳酒店

势。不仅能凸显酒店企业的社会责任，为酒店塑造良好的社会形象，更能降低酒店运营成本，大幅提升酒店企业的盈利能力。

2009年11月25日，国务院常务会议决定，到2020年我国单位国内生产总值二氧化碳排放比2005年下降40%至45%。《国务院关于加快发展旅游业的意见》中推出了"低碳旅游"这一概念，并首次将旅游行业这一低碳型行业列为国民经济的战略支柱产业。

低碳经济作为一种以低能耗、低污染、低排放为基础的经济模式，在全球共同应对气候变化的背景下应运而生，并被专家认为是一场涉及生产方式、生活方式和价值观念的全球性革命。

低碳酒店的重点

1. 酒店作为建筑体的碳排放

绿色建筑在全寿命周期内，最大限度地节约资源（节能、节地、节水、节材），保护环境和减少污染。中国每年新开工的建筑面积是世界的一半，80%到90%没有达到国际节能标准。中国现在单位建筑面积采暖能

耗为发达国家的3倍，建筑的能耗标准是每平方米75瓦，而欧洲现在的限行标准是25瓦。建设部统计，2008年建筑能耗占全国能耗的28%，建筑的热损耗方面，玻璃窗是40%到50%，屋顶是10%。

2.酒店能源的碳排放

酒店需要消耗大量的资源，同时排放大量的空气污染物，已成为碳排放的城市污染源。例如使用燃煤、燃油锅炉，排放大量的烟尘、二氧化硫、氮氢化合物和二氧化碳。一座中等规模的三星级饭店，一年大约要消耗1400吨煤的能量，可向空中至少排放4200吨二氧化碳、70吨烟尘和28吨二氧化硫，一座建筑面积在8万至10万平方米的大型饭店，全年消耗大约13万至18万吨标准煤。酒店能源费用的支出占营业费用的比例已达8%至15%。

低碳酒店的措施

1.制度建设

全面建立能耗使用情况分析报告、节能降耗业绩报告。

2.低碳测试

洲际酒店集团已经开始开发、测试绿色节能的网络系统，洲际酒店集团的各家酒店可以通过绿色节能软件系统直接输入数据，系统将自动对比全球同类酒店情况，且能为各酒店制订出一系列节能减排、节水降耗的适用措施。

3.新能源

鼓励建筑广泛采用太阳能、风能和生物质能。太阳能光热的利用中国市场已占全球的76%。

4.节约用电

酒店每平方米面积的年用电量达100度到200度，是普通城市居民住宅楼用电水平的10多倍。

采用变频技术和智能化控制技术。使用变频或变流量来控制电梯、空调机组、通风盘管、冷热水的调节，进行辅助冷水机组改造、照明整体改造，采用电分类计量表、补偿电容器、红外线感应器等节能设施。

采用低压节电模式。客人未登记入住之前，客房内只有迷你酒吧运转，空调保持着最低的转速以节约电能。当客人办理入住，打开客房门后，客房照明系统立即呈现欢迎模式，即当插入房间钥匙卡后，所有的照明设备点亮。当客人离开房间时，拔出房间钥匙卡，房间内迷你酒吧的电路仍在运行，空调立即恢复插入房卡前保持的最低转速，其他照明设备均自动关闭。

5.节约用水

一家三星级以上的酒店平均每个客人每天的耗水量在1吨左右，而目前很多城市居民每人每月的用水量一般不会超过5吨。

建立水计量系统，并对用水状况进行记录、分析；中央空调机设备添加自动变频器，调节低功率下的用水和用电的额度；客房采用小排量抽水马桶；使用节能灯，使用太阳能科技产品。

采用热泵代替锅炉烧热水，从而避免锅炉产生的废气对周边环境造成污染；中央空调使用热回收装置，将空调运转产生的热能用来烧生活用水。

6.减少用纸

取消纸质介绍和旅游指南等，改为把这些放在电视介绍内容中。

不使用一次性碗筷和发泡餐盒等一次性餐具，减少鲜花摆放、节约材料包装。

7.少换洗床单被罩

少换洗一次床单被罩可省0.03度电、13升水和22.5克洗衣粉，相应减排二氧化碳50克。如果全国所有星级宾馆都能做到3天更换一次床单，每年可减排二氧化碳4万吨，综合节能约1.6万吨标准煤。20世纪90年代中期开始，欧洲许多星级酒店床单改为每72小时换洗一次，有的甚至更长；日本很多酒店房间的床头都有环保卡告知客人，如果不要求天天换洗床单能享受房价的折扣优惠或者赠送水果等免费服务；我国绿色客房的标准即为3天换洗一次床单。

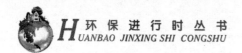

新
生
活
新
理
念

8.减少一次性日用品

"六小件"是指宾馆酒店为客人提供的六种易耗用品，即牙刷、牙膏、香皂、浴液、拖鞋、梳子。实际上，目前酒店提供的洗漱用品已突破"六"的数量，还包括洗发水、浴帽等。全国星级酒店每天消耗的一次性洗漱用品120万套，光是星级酒店的消耗就高达22亿元。一次性用品无法回收，社会还面临着二次处理所带来的浪费。

绿色客房

9.垃圾回收

酒店产生的垃圾分为可回收的与不可回收的两类，分别投放到垃圾房。

10.对客人的建议和奖励

对客人的建议和奖励包括：向客人提供借用自行车服务；冬季空调设定的温度不高于20摄氏度；提示客人睡觉前关闭所有光源和电源，手机和电脑充电结束后及时拔去插头，洗浴时间不超过15分钟，多走楼梯少用电梯，不浪费食物。

对参加低碳计划的客人提供低碳积分，下次入住酒店换取优惠金。由酒店清算旅客此次出行的总体碳排放量，折算成人民币，加入房租，由旅客一并支付。用电100度碳排放约为90.4千克，酒店也可以种1棵树补偿。

低碳酒店各部门操作细则

酒店能耗费用是酒店主要支出费用之一，所以，降低能耗费用是提高酒店GOP的重要举措。在现有硬件标准情况下，分析酒店的运行情况，建议酒店运营管理采取以下方法，进一步完善酒店节能降耗的举措，以达到各酒店能耗的标杆。

客房部

①回收低耗品做计划卫生时用；

②续住房客人的低耗品不扔，垃圾袋反复使用，床上用品三天一更换；

③客房服务员打扫房间时随手关闭不需要的电器(灯、电视等)；

④清洁剂客房服务员稀释后使用，污迹严重处方喷洒清洁剂；

⑤禁止客房服务员打扫客房时使用热水；

⑥客房电视机的亮度调在合适位置，避免过亮；

⑦客房服务员将退房客人未交还总台的房卡套交总台再利用；

⑧将客人用过而不能在房间再次使用的卷纸回收放入公共卫生间使用；

⑨员工不是对客服务时严禁乘坐电梯；

⑩报废布草的合理使用；

⑪回收废品费用定期处理；

⑫增加洗涤的回洗数量,降低洗涤成本。

前厅部

①广告灯、大厅灯光、前台射灯（根据天气情况分组开关）由当班人员负责；

②夜间，前台电脑只保证入住登记和向公安上传、录入，处于工作状态，其余关闭，注意随时轮换；

③对纸张的二次使用；

④房卡套的房号等用2B铅笔填写以便反复使用；

⑤保安巡视时，关注大厅和楼层灯光的开启是否按规定合理开启，该关闭的则随手关闭。

工程部

①每天巡视检查配电房；

②每日8：30抄水表、11：30抄电表，做好记录；酒店管理人员详细分析整体能耗变化，找出能源消耗的主要因素，发现不正常情况及时改进

和提高能耗控制方法；

③定期清洗水箱，做好排污工作，防止水箱结垢；

④对二期恭桶水箱水位控制阀进行调节，减少冲水量；

⑤定期（一个月为宜）清洗所有空调过滤网，以保持温控效果；

⑥夏、冬两季开始时，应逐一检查每个空调的制冷、制热效果，及时维修；

⑦养成良好习惯，人离开时检查水电气是否关闭。

新生活新理念

四、我国餐饮业宏观市场环境

随着我国对外开放的进一步扩大，城市化步伐加快，服务业快速发展，城乡居民生活水平不断提高，餐饮消费成为拉动消费需求稳定增长的重要力量。2004年，我国餐饮业零售额实现7486亿元，比上年净增1330亿元，同比增长21.6%，连续14年实现两位数高速增长。餐饮业增速比同期社会消费品零售总额增长率快出8.3个百分点，占社会消费品零售总额的13.9%，对社会消费品零售总额的增长贡献率为21%，拉动社会消费品零售总额增长2.79个百分点；全年营业税金实现411亿元，同比增长23.3%；全年利用外资力度加大，新设外资企业907家，同比增长29.02%，实际使用外资4.31亿美元，同比增长48.4%。2005年我国餐饮业零售额实现8886.8亿元，同比增长17.7%，比上年净增1336亿元，高出社会消费品零售总

餐饮市场运行稳定性增强

额增幅4.8个百分点，占社会消费品零售总额的比重达到13.2%，对社会消费品零售总额的增长贡献率和拉动率分别为17.4%和2.3%。全年实现营业税金488.8亿元，同比增长17.8%。2006年我国餐饮业的发展继续保持良好态势。我国餐饮业表现出如下特征及发展趋势：

1.餐饮市场运行稳定性增强，经济增长质量不断提高

据国家统计局发布的统计资料显示，1978—2004年的餐饮经济增长波动率分析，波动率在0.657～3.78之间，餐饮经济运行指标震荡剧烈，反映出这期间的餐饮经济时冷时热、大起大落，市场运行质量较低，造成社会资源浪费。1994-2004年的波动率在0.301～0.862之间，表明经济增长质量得到提高。从移动平均趋势线看，未来若干年仍将延续窄幅区间并保持平稳运行。

2.餐饮消费的方式越来越多元化和现代化

随着个人旅行、公务差旅、商务活动、居家消费、休闲娱乐等成为餐饮消费的动因，餐饮消费也将突破传统的商务餐、家庭餐等范畴，进一步拓展到自助、宴席、配送等领域。在我国东部沿海城市，快餐市场已经占到连锁餐饮企业营业额的半壁江山，其中广东省超过90%。这一趋势还将带动更多各具特色的消费方式创新。

3.餐饮经营的取向越来越集团化和品牌化

从2000—2005年，中国前100强餐饮企业的营业额占全行业的比例从4.9%上升到7.7%，平均单家营业额从1.8亿元上升到6.8亿元。这些大型企业集团都拥有自身的服务品牌，几乎全部采取品牌连锁方式经营。餐饮企业盲目投资和低水平扩张的行为逐渐减少，全国重点餐饮企业（含大型连锁）发展的协调性得到改善，直营连锁发展速度加快，全国重点餐饮企业经营效益增幅平均高达五成。

4.餐饮服务的内涵越来越人性化和生态化

近年来,绿色餐饮的理念深入人心。有关部门和行业组织实行了"全国餐饮绿色消费工程"，并开展了全国绿色餐饮企业认定工作。随着消费者日趋重视生活质量和品位，餐饮业会更多地将自身发展与保护环境、节约资源、健康生活等结合起来。天然、绿色、健康和保健食品越来越被人

第二章 低碳餐饮，低碳时代的绿色服务

们认可和追捧。随着人们生活水平的提高，各个年龄段的消费者都注重饮食营养和饮食健康。老年人希望通过饮食调节达到健康长寿的目的；父母们希望通过饮食调节使自己的孩子更聪明伶俐、健康活泼；中年人、白领阶层更希望通过饮食的调节缓冲工作压力所带来的不利影响，达到提神醒脑、精力充沛的目的。一些"三低、一无、两高、多素"（即低脂肪、低盐、低热量、无胆固醇、高蛋白、高纤维，多种维生素、微量元素、矿物

餐饮市场潜力巨大

质）的食品及天然野生菌类，绿色及黑色食品将成为人们饮食的首要选择。

5.餐饮文化的传播将越来越国际化和市场化

中华民族五千多年的历史，56个民族，八大菜系，不同的烹饪工具、烹调方法、调味技巧、进餐礼仪和饮食风俗等构成了我国的餐饮文化，为我国具有中华民族特色的餐饮提供了丰富的资源。2005年，中国餐饮业利用外资项目894个，合同外资金额超过10亿美元。今后，不仅会有一大批外资餐饮企业进入中国市场，还将有更多具有优势的民族餐饮企业走出去，在世界范围内弘扬和创新中国餐饮文化。

6.餐饮行业管理体系初步建立

商务部成立后，加强了餐饮业行业管理工作，注重餐饮业标准体系的建立和餐饮企业的现代化改革发展。2004年建立了餐饮业市场信息月度分析报告制度，指导餐饮老字号企业改革与创新。省级大中城市餐饮行业管理部门基本完成了体制改革，餐饮行业管理体系初步建立，餐饮业改革发展进一步得到有力的指导。

总之，随着我国经济及旅游业的发展，餐饮行业的前景看好。在未来几年内，我国餐饮业的增长将持续化，市场规模将扩大化，经营模式将多元化，管理方式更现代化，国际化进程也将加快，而且绿色餐饮必将成为时尚。

五、餐饮企业的绿色环保设计

根据生命周期理论，餐饮企业的寿命是从规划开始，经过设计、施工、运行，到最终的再利用或拆除为止；餐饮企业建设中使用的材料以及经营中使用的产品和设备的寿命则从采购开始，经过使用、维护直到报废为止。因此，设计与采购是绿色餐饮企业的基础。

环境绿色设计

设计与采购在实现绿色餐饮企业中具有两大作用：首先，餐饮企业需要在设计之初或产品采购时考虑建筑及产品在未来的使用、维护、报废等各个环节中对环境产生的影响，在初期就尽量避免后期环境破坏的发生。目前有许多餐饮企业能耗过高，运行中消耗较大，就是由于设计不良造成的。其次，设计和采购可以对供应商、承包商产生压力，使他们关注环境问题，从而促进全社会的环境保护工作。采购的过程是市场产品选择的过程，而且企业采购的购买力要超过单个消费者的购买力，采购方的行为将会对供应商造成很大的影响。

企业在环境保护方面所做的工作是对社会的一种贡献。在市场经济条件下，企业追求成本的不断降低，而实施环境保护工作会在不同程度上增加企业的成本，所以，虽然环境管理能对企业的长期发展带来好处，但对大多数中小型餐饮企业而言，投资环保是一项负担，而且如果污染能使其保持持续的竞争优势，它就会一直这样做。事实上，让所有的企业都自觉地实施环境保护工作是不可能的，企业实施环境保护需要动力。

一般情况下，企业行为的动力来自两个方面：获得利润和消费者的要求。很明显，投资环保在短期内不能给企业带来利润，有的投资即使是长期的，给企业带来的回报也不明显。而消费者在选择产品时，只有具有消

新
生
活
新
理
念

绿色建筑——迪拜帆船酒店

费实力并积极支持环境保护事业的消费者才会关注产品的环境问题甚至是产品生产过程中的环境问题。在一般情况下，普通的消费者也不会花更多的钱购买一些"环境友好"的产品。所以，依靠投资收益或消费者市场来推动环境保护在现阶段是不可行的。

从上述分析可以看出，餐饮企业主动实施环境保护的动力不大，而环境问题又不容忽视，如果不采取措施，那么，全球的环境退化就会在未来得及采取行动以前就变得无法挽回。所以，实施环境保护需要寻找新的途径。

在对餐饮企业进行寿命周期评价的过程中发现，在建筑设计施工的最初阶段所做的决策会显著影响以后各阶段的费用和效率，如果前期投资较低，会引起在建筑物或系统的整个寿命周期中高得多的成本。在施工或修缮时采取的绿色建筑措施能显著地节省建筑的运行费用，同时提高员工的劳动生产率。综合采取绿色建筑措施可以使建筑物在所有与建筑相关的领域中的环境和经济效益最大。所以，引入绿色建筑的设计可以成为环境保护的动力。

餐饮企业绿色建筑设计

绿色餐饮企业除了要考虑场地外，还要在初期考虑绿色建筑设计。绿色建筑是指建筑设计、建造、使用中充分考虑环境保护的要求，把建筑物与能源、环保、美学、高新技术等紧密地结合起来，在有效满足各种使用功能的同时，能够有益于使用者的健康，并创造符合环境保护要求的工作和生活空间结构。绿色建筑是一种理念，它运用于餐饮企业的设计、施工、运行管理、改造等各个环节，使餐饮企业获得最大的经济效益和环境效益。

在进行绿色餐饮企业的建筑设计时，首先要确定企业在环境保护方面所要达到的目标，并对目标有一个明确的理解。然后可以通过图表等形式将目标的实施进程表示出来。传统建筑项目的过程包括设计、投标、建造和使用。传统建筑往往忽视建筑的位置、设计元素、能源和资源的节约、建筑体系以及建筑功能等因素之间的相互关系。而一个关注环境的设计程序则增加了综合建筑设计、设计和施工队伍的合作以及环境设计准则的制定等要素。绿色餐饮企业将通过一个集成设计方法，充分考虑上述因素彼此之间的相互作用，将气候与建筑的方位、昼夜利用等设计因素建筑外表面与体系的选择以及经济准则和消费者的活动等诸多因素综合考虑。集成建筑设计是开发可持续建筑的基础，这种建筑是由相互协作且环境友好的产品、体系及设计元素构成的高效联合系统。简单的叠加或重复系统不会产生最佳的运行效果或费用的节约，相反，建筑设计者可以通过设计多种多样的建筑体系和元件作为整个结构中相互依存的部分，从而获得最有效的结果。

在设计中要考虑的基本原则是：资源经济和较低费用原则、生命周期设计原则、人性化设计原则、灵活性设计原则、传统特色与现代技术相统一原则、建筑理论与环境科学相融合原则。这些原则应始终贯穿于整个设计过程，指导设计活动。

六、餐饮企业的绿化

餐饮企业室内外绿化主要解决人、建筑、环境之间的关系，利用植物材料并结合园林常见的手段和方法，组织、完善、美化室内空间，协调人与环境的关系，绿化不仅发挥着环境功能，更重要的是它能提高档次，增加气氛，从而增强市场竞争力。所以餐饮企业要非常注重对绿化的设计、开发与管理。

室内外绿化是一项系统工程，纵向的管理从对绿化的设计开始，通过绿化的选择、布置以及对绿化的日常养护，直至绿化的更新等；横向的管理从室内的每一植株的管理到大型室内外庭园的养护，考虑植物对人体、对环境的影响以及绿化所能带来的经济效益等内容。

1.绿化在餐厅环境中的作用

(1)美化作用。室内绿化是室内环境艺术中非常重要的方面，它通过植物，尤其是活体植物在室内的巧妙配置，使之与室内诸要素达到统一，进而产生美学效应，给人以美的享受。

酒店室内绿化

(2)分隔作用。餐饮企业经常需要对一些空间进行分隔，以创造安静、舒适、相对隐蔽的空间，例如对餐厅、办公室等的分隔，这些分隔若采用植物，可以取得更加鲜明、亲切、自然的效果。某些有空间分隔作用的围栏，如柱廊之间的围栏、临水建筑的防护栏、多层回廊的围栏等，结合绿化进行分隔，会取得较好的视觉效果。绿化的这种分隔作用可以广泛地用于餐饮企业公共区域。

(3)柔化作用。餐饮企业室内的墙面、家具、金属、玻璃制品等一般呈几何形体，给人以冷漠、刻板的感觉。树木花卉则以其千姿百态的自然姿态、丰富的色彩、生机勃勃的生命，与之形成强烈的对比，从而起到柔化空间、改善空间的作用。室内的某些有碍观瞻的局部，如家具的侧面、管道、柱子等均可用植物来遮挡，若稍加处理，还可以形成优美的景观。如果在室内光线不足的地方摆上一株植物，加上人工光源，整个感觉就会生机勃勃。室内的某些死角，如餐厅的走廊尽头、餐厅拐角等也可以通过绿化加以改善。

(4)连接作用。在餐饮企业的室内外交界处、室内地坪高低交界处设置植物，在建筑物入口及门厅的植物景观可以将建筑的室内空间和建筑外部空间结合起来，形成一种自然的过渡和连接，使人产生一种室内外的动态不间断感，强化室内外空间的联系和统一。

(5)净化作用。合理选用植物能有效改善室内空气的质量。室内空气的主要污染物有：甲醛、一氧化碳、二氧化碳、二氧化硫等，这些污染物可以通过特定的植物进行吸收，以达到净化室内空气的目的。试验显示，鹅掌柴、大叶喜林芋、吊兰、银苞芋及蔓生椒草等植物对甲醛、一氧化碳、二氧化碳具有净化作用；花叶冷水花、清秀竹芋、鹅掌柴、心叶喜林芋、吊兰等对二氧化硫污染物具有净化作用。所以，绿化植物不仅可以美化环境，而且可以通过植物的生物性吸收作用减少室内空气的污染，保护人体健康。

餐饮企业绿化的选择与布置

2.餐饮企业绿化的选择与布置

(1)门厅绿化。餐饮企业的入口及门厅是人们的必经之处，逗留时间短，交通量大，所以，植物景观应具有间接鲜明的欢迎气氛，因此可以选择较大型的、姿态挺拔、叶片向上，不阻挡人们出入视线的盆栽植物，如棕榈、椰子、棕竹、苏铁、南洋杉等。也可选用色彩艳丽、明快的盆花。盆花宜厚重、朴实，与入口尺寸相称，并在突出的门廊上可沿柱种植木香、凌霄等藤木观花植物。室内各入口一般光线较暗，场地较窄，宜选用修长耐阴的植物如棕竹等，给人以线条活泼和明朗的感觉。

(2)餐厅绿化。餐厅是一个非常重要的服务场所，在餐厅布置适当的花木有助于增进食欲，也可以起到融洽感情的作用。餐厅的绿化布置大致可以分为两大部分：一是餐桌绿化，二是餐厅场地绿化。餐桌多用插花布置，这部分绿化需要根据不同的档次、接待要求等而定，一般情况下，餐桌植物不宜繁杂，在色彩、大小等方面要与餐桌相协调，并注意四季的变化。如早春以报春、桃花为主；夏季以芳香花为主，可选择百合、马蹄莲、晚香玉等；秋季以瓜果或观果植物为主；冬季则可以康乃馨为主。有时，在一些中餐厅桌面以小型盆花布置，如文竹，别具一格。另一部分是餐厅的场地绿化，可以选择在餐厅的周围摆设棕榈类、变叶木等叶片亮绿的观叶植物或色彩缤纷的大、中型观花植物，并按季节不同进行更换。如春季可用山茶，夏季用杜鹃，秋季用秋菊，冬季用一品红等布置。

3.室内的环境条件与绿化

室内的生态环境与室外的自然环境有很大的差异，通常光照不足，空气流通不畅，温度较恒定，这些条件对植物生长不利。为了保证植物的生长，要了解植物生长的环境要求，选择较能适应室内生长的物种，还要通过人工设备来改善室内光照、温度、湿度、通风等条件，以维持植物生长的需要。

(1)光照条件是室内植物最敏感的生态因素，与室外植物一样，室内植物健康成长也受到光条件的影响。光影响植物生长表现在三个方面：光照强度、光照时间和光质。这三个要素对植物的作用是相互关联的。例如，无论光照强度多大，光照时间多长，如果光质差，仍不能满足植物生长的需要。因此，必须给室内植物在光的三个特性方面一个合理的配置。

(2)温度植物属于变温生物，其体温接近气温，并随环境的变化而变化，任何植物对温度的反应都有最适温度、最低温度和最高温度的变化幅度，只有在最适合的温度范围内，植物的生长才是最好的。目前，餐饮企业多采用中央空调设备最大限度地满足客人的舒适感。在空调控制的室内，温度主要有三个特点：温度相对恒定，变化幅度在15℃~25℃之间；室内温差小，而自然界昼夜温差很大，白天的温度有利于植物的光合作用，合成的养料就多，夜间温度较低，植物的养料消耗就少，有利于养分的积累和植物体的生长，显然室内的恒温状态是不利于植物生长的；室内一般不会出现极端温度，无过冷、过热现象，这对某些要求低温刺激的植物是不利的。所以室内植物在选择上多选择原产于热带、亚热带的植物。

(3)湿度在室外，水以气态水（湿度）、液态水（露、雾、雨等）和固态水（霜、雪等）对植物产生影响。而在室内，除了水生植物的基质外，主要以湿度的形式影响植物。为协调人与植物的关系，室内空气湿度一般控制在40%～50%之间，如果降低至25%，会影响植物生长。而在选择室内植物时，可以考虑能忍受干旱的植物，特别是多浆液类型的植物，如仙人掌科的植物及部分景天科的植物如垂盆草、石莲花等。与湿度相关的另一个问题是室内空气流通。室内空气流通差，供给植物生长的二氧化碳、氧气不足，会导致植物生长不良，甚至发生叶枯、叶腐、病虫孳生等，所以需要通过自然通风或空调系统给予调节。

4.室内绿化管理中要注意的问题

(1)绿化与能耗的问题。室内绿化要求良好的采光，光线来自自然光和室内的人工光源。这与绿化的要求、能源消耗的要求、客人舒适度的要求和建筑美学的要求可能会发生矛盾。例如餐饮企业出于节约能源的考虑要增加自然光的利用，减少人工照明，这样可能会更多地通过白玻璃利用自然光，虽然白玻璃有利于植物，但对人体舒适度以及能耗不利，从建筑美的角度考虑，有的建筑师还认为白玻璃没有色玻璃的效果好。解决的办法可以从玻璃的选择上入手，在上

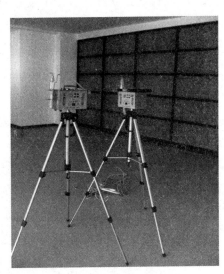

室内空气质量检测

述矛盾中，使用纤维玻璃是一种很好的措施，它可以创造半透明的玻璃空间系统，又很好地协调了室内植物与人的需求的矛盾。另外，室内植物需

水程度比室外小。室内几乎无风，光照强度及光照时间都相对减少，水从叶表面和根部培养土中蒸发的量大大减少，因此只要有满足其生长需要的水就可以了。

(2)室内植物的美学问题。室内植物的一个重要功能是它的美学特性，通过绿化可向客人传递一种美的信息，所以餐饮企业应请专业设计人员对绿化进行设计，而不是简单的摆放。绿化的设计应和企业内的构件、陈设等一起设计，协调配合，形成统一的风格。

七、餐饮企业室内空气质量控制

绿色餐饮企业应该有一个良好的室内外环境，这是绿色餐饮企业的一个基本特征，因为它直接影响到客人、员工和周围居民的健康。由于装修豪华，每日的清洁卫生工作不断，因而室内空气质量在餐饮企业经常被忽视。同时环境检测部门也很少对室内环境的内容如室内空气质量作检测，除非企业特别提出要求。

据世界卫生组织估计，在美国大约有30%的新建或装修的建筑受到居住者有关健康的投诉，投诉率很高，建筑综合征和大楼并发症在建筑大楼内越来越多，美国环保署把室内空气污染列入对公众健康危害最大的五种环境因素之一。受到建筑综合征影响的人有身体不适方面的症状，但目前还没有明确的描述和原因分析。建筑综合征已日益受到关注，人们在努力寻求解决办法。保护人类健康是环境保护工作的重要内容和目标，所以，良好的室内外环境是绿色餐饮企业不容忽视的问题。

室内空气污染的产生

室内空气污染的产生主要有三个方面的原因：各种污染物的存在、某些设备的运行和对设备运行的维护不力。

1. 气体和颗粒物污染

餐饮企业的锅炉、厨房炉灶、汽车引擎和其他的燃烧源燃烧会产生有害气体，例如二氧化碳、氮碳化合物、二氧化硫或碳氢化合物以及悬浮颗粒物。当燃烧源设置不当或燃烧的排放口设置不当时，会使燃烧产物进入餐饮企业内部，造成室内空气污染。高温烹调是我国传统烹饪的特点，油脂、蛋白质等在高温下发生剧烈的化学变化，产生许多聚合产物及分解产物，如烹饪油烟中含有大量杂环胺、醛类等有毒有害物质。有时由于通风系统的原因，厨房、洗衣房等处的气压高于或等于周围场所的气压时，这些燃烧产物也会影响其他室内环境。

由室外空气流通带入或来自内部活动的尘埃颗粒物也可能造成室内环境污染。尘埃颗粒物可能带有大量的微生物、刺激物，这对于人体舒适度的感受，尤其是具有过敏症或呼吸道疾病的人有很大的影响。在另一个层面上，这些尘埃颗粒物会损害设备和装饰，并增加了清洁的工作量。

吸烟也是一种污染，吸烟可以在3～7分钟内使室内空气中负离子浓度明显降低或消失。由于通风不力或由于室内装修、物品对烟雾的吸附能力较强，吸烟的排放物使被动吸烟人群的健康受到影响，同时它还会导致内部装修和装饰物的质量和视觉效果下降。虽然我国有许多城市已经禁止在公共场所吸烟，但这个问题在餐饮企业始终得不到很好的解决。在创建绿色餐饮的过程中，有不少餐饮企业在公共场所设置了无烟区，但由于设置不合理及管理不当，使无烟区仍然烟雾弥漫。餐饮企业内一些设备的使用，例如复印机、干洗机等在运行过程中都会产生有毒有害气体，是室内空气的一个重要污染源。

2. 建筑和装饰材料污染

建筑材料是在建筑工业中所使用的各种材料及其制品的总称，它是一切建筑工程的物质基础。餐饮企业的建设当然离不开大量的建筑材料。建筑材料种类繁多，有金属材料，如钢铁、铝材、铜材；非金属材料，如砂石、砖瓦、陶瓷制品、石灰、水泥、混凝土制品、玻璃、矿物棉；植物材料，如木材、竹材；合成高分子材料，如塑料、涂料、胶合剂等，另外还

有许多复合材料。

餐饮企业为了追求舒适和豪华，装修的档次越来越高，用于装饰的材料也越来越多，例如地板砖、地毯、壁纸、挂毯等，但是在人们享受这一切的同时，建筑材料和装饰材料对居住环境造成的污染以及对人体健康带来的有害影响却成为一个重要的问题。

3. 设备运行问题

室内空气质量差，在很大程度上是由于设备维护不力造成的。虽然很多设备的环境问题不是很严重，但是室内空气质量差通常能导致人体舒适感的降低，从而影响员工的工作效率，甚至健康问题。与室内空气质量相关的设备运行问题主要包括通风系统的运行不力和其他设备运行排出污染气体，通过增加通风来稀释污染物是提高内部空气质量的一个主要方法。通风的状况还影响到室内空气的湿度，高湿度使室内的人感到非常不舒适，使物品发霉、褪色、有异味。在需要供热的气候条件下，低湿度能降低供热的能效，并能使人的喉咙疼痛，导致其他一些疾病。

在室内，即使在不影响健康的标准范围内的浓度，化学品挥发的污染物也能产生令人不快的气味。气味是一种最直接的判断室内空气质量好坏的指标，一些客人对气味非常敏感。除了上述所列的一些化学药剂散发气味以外，人的活动中自然挥发的气味，例如浴室、厨房、洗衣房等，以及人自身散发的汗味、烟味等也会降低室内空气质量。在一般情况下，这些问题都可以通过通风来解决，若通风不能很好改善室内空气质量的，可以使用一些空气清洁剂来处理。空气清洁剂是指那些具有吸附作用的、本身无味的药剂，通过吸附等作用，能很好地去除空气中的异味甚至悬浮颗粒物，使室内空气清新。

根据调查，室内通风不畅的主要原因是有些餐饮企业改造安装中央空调系统时，根本就没有设计新风系统，因此，不可能提供新风。有的餐饮企业有新风系统，但运行不正常，其中一部分原因是系统功能问题，大部分原因是为了省电，新风的导入，特别是在夏冬季节，会增加空调的负荷，所以不少企业就关闭了新风系统。餐饮企业内部使用的一些设备，如复印机等，在工作过程中会排出有害气体，在通风不畅的情况下，会在室内聚积，使室内空气质量下降。

提高室内空气质量

提高室内空气质量的主要目标是保证宾客和员工的身体健康，通过设定室内空气质量指标和标准，建立处理特殊室内空气质量问题的规程，通过日常设备设施的维护来实现。监测室内空气质量是一项技术性工作，如果餐饮企业没有经验或缺少室内监测装置，可以委托他方进行，但是方案应由自己设计。

提高室内空气质量

1. 空气质量初审、确诊问题

空气质量的初审可以从两个方面进行，一方面是采集各场所日常空气的样本进行监测，另一方面是调查员工和客人对内部空气质量所做的描述，通过两方面的综合分析得出室内空气质量是否下降。如果室内空气质量下降，需要进一步考虑是否与操作或建筑条件有关。在最后的空气质量审查中应能反映主要的空气问题。

在初次测试中，需要监测：一氧化碳（未充分燃烧产生）、二氧化碳（人体新陈代谢、抽烟产生）、灰尘颗粒（各种来源）、臭氧（荧光灯和复印机产生）、军团菌（冷却水塔和风机盘管产生）、尼古丁(环境中烟草指标ETS)、有机物（气味、有毒物）、甲醛（挥发，有毒性）、氡（所在地土壤和建材）。

在进行测试后需要进一步确诊研究，确定污染的来源和改进措施，必要时征询技术专家意见。当改进的措施涉及建筑更新、维修工作和设备问题时，可能需要委托专业人员对餐饮企业的有关活动进行监测。当改进的措施实施以后，应再做测试以检验空气质量目标是否达到标准。

2. 改善室内空气质量计划

从目前看，有三种方法可以提高室内空气质量：

(1)去除或减少污染源。这是一种最根本的解决方法，尤其对设备运行造成的污染问题。餐饮企业应考虑是否一定需要该设备的运行，是否可以采取其他的办法；如果设备是必需的，可以考虑是否需要调整使用时间，或改变设备安装位置，或增加通风口，以减少污染的产生。

(2)通风或稀释空气。

(3)过滤或净化空气可以通过增加空气过滤或净化装置来实现。

改善室内空气质量的计划应包括以下日常的检查和改进措施：

(1)日常厨房操作。厨房员工应定期检查燃料和进行气味的控制，并确保正常的通风。

(2)冷却塔。餐饮企业可采取投药等方式除去冷却塔内的生物污染源；在停用期间应去除滞留的水，减少污染。

(3)通风率。通风率应维持在要求的室外进风水平和分配标准上，确保所有系统都是平衡的，并维持10%的剩余。通风系统运行时要防止通风空调的负压，但在厨房和洗衣房等场所，必须确保室内的负压。从外界送入的新风要注意控制可能的污染源，如交通车辆废气的排放、锅炉烟尘、干洗通风设备。

(4)杀虫剂、清洁剂和溶剂的使用。在使用中，应对所使用的药剂做出正确的选择，既能对症下药，并控制剂量，同时又应能控制药剂的存放和使用，确保足够的通风，有关这方面的要求可以查阅相应的法律法规要求或向供应商获取信息。

(5)空调输送管和冷却盘管。空调输送管和冷却盘管应定期检查其清洁度，也可以采取投药的方式除去过量的水汽、微生物和微粒。

(6)控制非吸烟区。餐饮企业应经常检查非吸烟区采取的管理控制措施是否合理并得到有效执行，检查员工是否采用正确的操作和使用方法以避免污染物从吸烟区泄露。

(7)供热、锅炉和其他燃料系统。检查正确的风油比，制止燃料泄漏，确保正常的废气排放。

(8)室内复印机确保足够的通风，控制臭氧指标。

(9)停车场。许多餐饮企业都采用地下停车场的方式，但是地下停车场的空气质量往往是很差的。因为地下停车场缺少必要的通风条件，同时汽车在启停时燃料往往是不完全燃烧，排出的污染物最多，所以要控制停车场

地下停车场

的换气率，并防止排放的汽车尾气进入室内。

在实施以上方法的过程中，餐饮企业需要一个可参考的标准，尽管在许多地区都有控制空气中各种污染物的标准，却没有完全适用于餐饮企业的室内空气质量标准。室内空气质量方案应持续关注当地标准并采取有效措施达到这些标准。适用于餐饮企业的地方和国家标准主要是人员安全和健康以及特殊活动的健康标准，如食品服务标准。

空气质量计划完成后还应对其进行评估，以确定计划的可行性和有效性，确保达到目标，对评估中发现的问题应及时修订并实施修订后的计划。

评估主要包括以下内容：

①检查宾客和员工投诉的频率和提出的具体解决措施；

②检查是否符合已建立的操作和维护过程；

③根据时间表和问题的严重程度，监测室内空气质量水平；

④监测新建区域是否符合室内空气质量标准；

⑤做一个问卷调查或访问一些员工和宾客，以了解他们对空气质量的评估。

3. 改善室内空气质量的成本问题

虽然许多时候确保室内空气质量只要求采取一定的维护工作就可以完成，但是为了完全实现这一目标，还是需要在维修或更换方面投入一定的资金。

有关涂料挥发气、焊接挥发气、严重的厨房气味、员工更衣室或废弃物间散发的气味等室内空气质量问题应得到餐饮企业的关注并要求专业人员来完成改进工作。一般情况下，它们可以通过区域通风、增设卫生设备和设备的合理布局来控制，这些都会增加餐饮企业的成本。但从另一个方面看，一个有效的室内空气质量方案能降低清洁空气异物的成本，提高餐饮企业设备寿命周期，减少可能的投诉，顾客舒适和满意度及员工劳动效率都会提高。

八、餐饮企业的噪声控制

噪声对人类身体健康有许多负面影响——损害人体健康或产生其他生理问题。噪声也可以通过影响其他生物和环境从而在整体上影响人类的生活质量。餐饮企业内员工和客人受到的噪声侵害是非常严重的，这些噪声是由于餐饮企业内设备的运行、人员的活动等原因所导致，极大地降低了客人的舒适度和员工的工作效率。安静是使人感到舒适，可以放松、恢复、休息和注意力集中的基本条件之一。既然餐饮企业的主要目的是提供给客人最好的环境，因此，保持客人活动区域较低的声响水平是十分重要的。同时，噪声的控制也将提高员工的身体健康和工作效率。总的来讲，对噪声的控制希望达到以下目的：去除或降低噪声，给客人和员工创造并维持一个适宜的环境；防止和减少对客人和员工的心理、生理和身体的负面影响；防止第三方的不快（邻居、居住者等）；减少由于客人烦恼而造成的较大损失，有可能导致客人不会成为回头客。

1. 噪声的来源

要对噪声进行控制，首先要辨认餐饮企业中所有可能的噪声源，无论是内部的还是外部的，同时要列出已知的问题（投诉）清单，下面列出了餐饮企业可能存在的并需要控制的噪声源：

(1)餐饮企业外部的噪声。交通车辆的噪声，报警声产生的频率（包括火警、救护警），飞机（民用、军用）、火车通行产生的声音，建筑工地产生的噪声，夜总会、迪斯科、开放的公共娱乐场所的噪声，各类商品交易场所、工厂的噪声。

(2)餐饮企业内部的噪声源。空调、通风系统和换气扇噪声，制冷机、锅炉、泵、空气压缩机、制冰机的噪声、电梯、洗衣房、厨房的噪声；露天娱乐活动的噪声，员工手推车的噪声，搬运物品的噪声；用榔头、钻头、锯子等工具工作的噪声；除草机的噪声；洗碗、清洗、烹饪的噪声，洗涤设备运行的噪声，吸尘、洗地等；事故；火警；不适当的背景音乐；电话、谈话、电视、广播、移动桌椅、走路、关门、风机；马桶冲洗、沐浴放水及排水、吹风机；客人用餐或其他的活动、员工的工作；建筑、装修项目工程人员进行的内部改造、装修等。

噪声部分地可以通过改变过程来控制，但这个过程需要一定的经济投入，可能这是目前遇到的最大困难。所以餐饮企业可以考虑先控制内部产生的噪声，主要是通过控制噪声的产生来实现。在实施改造的过程中再对不可消灭的噪声进行隔声处理。

2.噪声的控制

(1)确定餐饮企业内部噪声产生的时间（包括哪天、什么时间），试着改变操作方式，把工作积累起来，以便使噪声在同一时间产生，这样可以留出更多的安静时间；

(2)对每次在公共区域的销售所需的娱乐音乐设定时间表和最大声响等级；

(3)考虑减少夜总会、迪斯科的干扰或重新选址；

(4)调查火警铃等经常误报的原因，并采用适当的措施；

(5)检查所有的门是否都持续保持关闭状态；

(6)检查是否可以通过良好的维护以降低电梯的声响水平，使电梯的噪声水平降低；

(7)员工在从事噪声很大的工作时，戴上耳朵保护器，选择的工作场地

应远离客用区域；

(8)对噪声控制进行投资。

九、低碳餐饮与节能降耗

节能与环境有密切的关系。首先，目前使用的一般能源都属于资源类，这类资源在地球上的储存量是有限的，为了获得持续的发展，我们需要保护这些资源。其次，能源的生产和使用对环境造成了许多污染和破坏，所以，节能就意味着减少环境破坏和保护资源。一个有效运行的餐饮企业将会使用较少的人力资源并且运行成本较低，使企业具有较好的市场竞争力。目前，我国餐饮企业的能源使用种类比较单一，以电、油、煤、水为主，单位消耗非常大，能源费用占总成本的20%～30%。

能源管理可以从找出能源消耗点入手，可以从计量表上获得数据，这是最直接的能耗，目前在餐饮企业能源中已得到普遍关注，一般称之为直接能耗。能源消耗还有另一种形式：例如，当厨师把菜品做出来时发现质量不合格，菜品就直接进入垃圾箱而没有被客人消费，这盘被倒掉的菜中包含着做菜、洗菜、储存、运输以至原料的种植全过程消耗的能源，菜倒掉了，这部分能源也就被浪费了。菜品在进入餐饮企业后至完全被消费所包含的能源可能会包含在餐饮企业的直接能耗中，但这部分能源消耗很难分离；而菜进入餐饮企业以前的能耗就很难计算了。一般把包含在物质中的能源称为隐含能耗。所以在能源管理中要注意直接能耗，更要注意这类隐含能耗。

实施节能措施的原则

餐饮企业要根据实际情况采取节能措施，通过成本收益分析，并评估它的可行性，以最少的成本获得最大的收益。

1．比较资源和负荷的匹配情况

餐饮企业有许多设备由于设计的原因常常出现资源和负荷不匹配的情况，这是在节能工作中特别要解决的问题。达到资源与负荷的匹配可以通过改造设备或加强设备的运行控制方面实现。改造设备可以是在设备中加入节能技术，也可以从运行控制上进行调整。

①有一些低负荷的设备需要运行，但这些设备的运行要依赖重要设备的运行，这时可以考虑分离低负荷的设备，转为自行控制，独立操作。

②确定中央空调系统每天的运行时间。安装定时器，关闭非客人区域的单个设备；根据不同的季节，可以通过重新设定温度计来关闭或维持最低的房间温度。

③通过不断的节能方面的努力，会使餐饮企业的设备在容量上显得越来越大，设备容量过大显然是低效率的，这时，餐饮企业可以考虑审定实际的需要量，通过增加小型设备来解决容量过大的问题。

2．减少冷热负荷

餐饮企业中的每一项活动或工作都会影响到冷热负荷。在空调节能方面关注负荷的变化。例如，照明不仅是一个用电的过程，被忽略的问题是照明对空调冷热负荷的影响，所以对照明的良好控制有助于节能。又如餐厅都会大面积增加玻璃，以创造良好的环境，但各种反光以及阳光透过玻璃产生的辐射对夏季的空调节能非常不利。有的由于不能很好地调节厨房、洗衣房等场所的空气压力，使得这些区域在工作中产生的热量源源不断地进入其他需要制冷的区域导致空调负荷增加。

3．以低成本获得不同程度的节约

餐饮企业在有些方面所做的改进和提高可以带来很多的节约。例如，进行水处理，防止沉淀和结垢；调整锅炉燃烧器的风量；进行人工再设温度控制；改变设备的运行时间等。当然对系统全面进行调整和安装以降低消耗和成本是最经济的做法。能源管理目标的实现需要认真地计划、组织、培训和执行，全过程有良好监控机制，所以能源管理需要一个良好的

能源管理方案。一个完整的能源管理方案应包括以下内容：

（1）任命一名能源管理的负责人，通常是工程师，并明确各部门在能源管理方面的责任，建立一个有效的沟通系统。

（2）在餐饮企业内进行能源审计，发现企业主要的能源消耗，并找出可以节能的地方；能源审计是借助仪器对餐饮企业的能源使用进行客观评价，还应就能源利用问题与员工做良好的沟通，询问员工的意见，因为员工是直接使用者，他们往往能提供好的建议和设想。

（3）把餐饮企业的全部能耗数据和各部门的能耗数据与行业数据相比较，通过专家咨询，分析企业的节能潜力。

（4）制订可行的能源管理计划，内容包括餐饮企业及各部门的节能指标，完成指标的措施，措施的执行者、检查者，起止日期等内容；计划的内容应与各部门作良好的沟通，与他们一起分析能耗的数据、成本和趋势。

（5）建立标准的操作程序，并对员工进行培训，员工必须掌握如何使用设备，如何用一种节能的方法来操作和维护设备；同时要建立信息反馈系统，对员工的贡献进行奖励。

（6）建立能耗的监控和定位系统。

（7）定期检查供应商的供应情况，以确保餐饮企业的能源采购价格合理。

能源审计和现状评估

能源审计和现状评估是实施能源管理的基础工作。

1．餐饮企业能源审计

要对能源进行控制，首先要做的事就是对能源使用情况进行审计，分析和评价收集的数据，以决定整个餐饮企业能源使用状况和主要能耗点。因此，要建立完整的能源计量系统，以便：

（1）能准确地进行能源计量。

（2）能确定主要的能耗设备，如制冷机、锅炉、空气处理机等真实的效率。

（3）实现对低效率和浪费的追踪。

（4）获得能耗大的部门，如洗衣房、厨房等的能耗数据。

（5）能够立即反馈所采取的节能措施的效果，而这种效果在餐饮企业总的能耗中是较难反映的。

（6）有利于确定节能投资项目的可行性和安装后的节能效果。

（7）为餐饮企业设备、系统的更新和采购提供能源方面的信息。

（8）可以计量城市电网的输电量并显示输送线路的状况。

（9）通过赋予控制和使用能源（水、电、气等）的员工相应的职责来提高部门的管理责任。

2．餐饮企业主要的能源计量

主要包括电力计量、水资源计量、蒸气计量、煤气计量等，它们分布在各个部门，直接关系到总能耗，而其他的一些计量系统，如锅炉燃油计量，一般只涉及工程部一个部门，管理比较容易和规范，也有稳定的标准。通过对网络图上监测点的数据统计，可以确定整个餐饮企业的能源使用状况和主要的耗能点。

餐饮企业应在经济、合理的范围内安装计量分表，以正确评估能耗水平。这部分投入是很值得的，因为只有通过独立操作的各点收集的反馈信息才能正确决定节能的控制点。

3．对餐饮企业能源现状进行评估

根据餐饮企业的实际情况，建立可行的能源消耗指标是十分重要的。在进行评估时，应考虑一些修正因素，例如不同天气条件、就餐率、设施状况等都会对能源的使用造成重要的影响。

4．能源消耗的监测

监测是日常抄表、定期检查能耗水平的一项活动。在监测的同时，可以了解设备是否运行正常，诊断能源主要消耗点。在监测的基础上，制订减少能耗的目标。一般情况下，每年降低2%～5%的能耗是可能的，应该通过加强管理和必要的技术改造来实现。

5．建立健全并实施各项节能管理制度

根据各部门确定的能源消耗指标，应建立相应的节能管理制度，以确

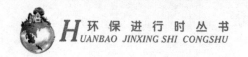
保节能指标的实现。例如《餐厅节能管理制度》《厨房节能管理制度》《洗衣房节能管理制度》等，并严格遵照实施，定期检查。

 十、餐饮业污染物的治理

在餐饮业中，有很多的污染物不易治理，我们一起来了解一下这些污染物的成因及防治措施。

气体污染物

1.餐饮企业经营产生的气体污染物

餐饮企业在生产经营过程中对大气状况的影响表现为如下几个方面。

（1）CFCs（氟利昂）物质的使用

一般来讲，大型餐饮企业都设置中央空调系统，小型餐饮企业会在各个区域和房间设置分散式小型空调机以降低室内温度。除此以外，为客人提供餐饮服务的场所，必然会使用冰箱、制冰机、冷库等制冷设备来储存食品。目前这些具有制冷作用的设备基本都离不开氟利昂的使用。氟利昂在使用、维护等过程中会产生不同程度的泄漏。企业使用的一些产品在生产过程中需要大量使用氟利昂如泡沫绝缘物、包装材料、硬质薄膜、软垫家具，甚至是计算机芯片等，因此，这些物品的使用促使了CFCs的使用和释放。

（2）哈龙灭火器的使用

消防设备中的哈龙灭火器已被确认由于含有破坏臭氧层的物质而不能再使用。虽然哈龙灭火器的产量相对较少，但它含有溴，因而可能是更能影响臭氧消耗的物质，而且哈龙（卤代烷）在大气中的寿命也很长。

（3）矿物燃料的使用

产生蒸气、热水的锅炉会大量使用矿物燃料。由于燃煤锅炉经济，很多餐饮企业使用的是燃煤锅炉，但是燃煤锅炉对环境造成的污染也是比较大的。当煤燃烧时，主要的生成物是二氧化碳、水和热，而且二氧化碳与全球变暖有关。另一些重要的燃烧生成物是二氧化硫、一氧化氮和粉尘。二氧化硫、一氧化氮与酸雨的形成有关，粉尘是由燃煤中的固体物质形成的。厨房、洗衣房的燃气设备也存在相同的问题。

（4）碳氢化合物的蒸发

餐饮企业中汽油、柴油的使用和泄漏会造成碳氢化合物的蒸发排放，而一些含氯碳氢化合物如杀虫剂的使用也会造成蒸发排放。

（5）气味、气体、烟雾的排放

餐饮企业厨房的油烟味和洗衣房异味一般是通过换气扇或通风管排出室外。由于餐饮设施和洗衣房一般都设置在底层，所以，这种排出口一般比较低，造成对周边环境的污染。有时，由于通风不力，这些气味还会进入餐厅内部，造成内部空气污染。

洗手间臭气的排放是由于洗手间的排气不畅，或者由于洗手间没有进行及时的清洁和冲洗造成的。洗手间臭气的排放往往影响室内环境。

油漆（特别是喷雾剂）、溶剂等的挥发也会造成室内空气的污染。许多新建或新装修的餐饮企业在这方面的污染特别严重。

（6）混合气体的排放

餐饮企业使用的装修材料中大量使用三合板、木屑板等材料，这些材料含有甲醛，甲醛的挥发造成空气污染。洗衣房干洗过程中会有干洗剂的泄漏，干洗过的衣物挂在室内，也会有少量干洗剂挥发，造成空气污染。垃圾房如果没有得到良好的管理也会有恶臭物质挥发。

2. 餐饮企业大气污染物控制

（1）实施大气污染物控制的意义

餐饮企业实施对大气污染物排放控制的目的是减少排放物的产生，这样可以为员工和客人提供一个卫生的环境。同时，通过减少大气污染物排放而减少使用矿物燃料，保存了矿物燃料资源，对全球资源保护和可持续发展做出贡献。还可以通过减少矿物燃料的使用而降低成本，并延长设备的使用寿命。

许多从餐饮企业散发出来的对环境有害的污染物可以在室内以较大的浓度存在，并最终影响到每一个人的健康，所以减少和去除这些物质是符合每个人的利益的。在餐饮企业内进行培训且采取有效的措施以建立对环境保护的意识还有其他的社会意义。在餐饮企业实施的一些环境教育中发现，员工通过培训不但强化了自身的环境意识，而且会把他们新接受的知识传播到他们所生活的圈子，包括家庭、朋友、亲戚、社区等，这对促进全社会的环境保护具有积极的意义。

（2）餐饮企业气体污染物的控制

餐饮企业为减少大气污染物排放而采取的措施主要是在源头减少排放，降低消耗，转而使用无害的产品、系统、方法和技术。在这个过程中一般要经过以下几个主要的步骤：首先，要确认产生有害排放物的设备、材料、过程、操作规程。其次，评估整个建筑物及其内部排放物的危害和浓度水平。最后，制订一个可行的计划。有关餐饮企业大气污染物排放的计划应考虑未来的情况，并要求有各阶段的计划。之所以要分阶段，是考虑到现有的经济实力和技术水平，在能力范围之内逐步改进。

垃圾管理

由于我国餐饮企业对目前的垃圾管理体制不适应，缺乏经济手段和制度，管理法规不健全，垃圾减量化未引起重视，收集方法不合理等原因，导致对环境造成一定影响。绿色餐饮企业应在废弃物管理方面做出努力，减少垃圾的排放，积极实施垃圾的分类收集和回用。

1. 餐饮企业垃圾分类

我国制定的《固体废物管理法》将固体废物分为工业固体废物和生活垃圾两大类，把具有毒性、易燃烧、腐蚀性、反应性及传染性的废物列为有害废物，其他则按一般废物进行处理。餐饮企业产生的垃圾一般属于城市垃圾，即城市居民的生活垃圾、商业垃圾、市政维护和管理中产生的垃圾。按照城市垃圾的管理要求，餐饮企业的垃圾根据其来源不同可分为：

（1）食品垃圾。食品垃圾是餐饮企业在采购、储藏、加工、食用各种食品所产生的残余废物的总称。它的主要特征是生物分解速度快、腐蚀性强，并产生令人厌恶的臭气。食品垃圾主要来自餐饮企业的粗加工、厨房、餐厅、酒吧、夜总会等。

(2)普通垃圾。普通垃圾是客人、员工日常生活废物的总称，包括废纸及纸制品、废塑料、破布及各种纺织品、废橡胶、破皮革制品、废木材及木制品、碎玻璃、碎陶瓷、罐头盒、废金属制品和尘土等。餐饮企业普通垃圾的主要来源是办公场所等区域。普通垃圾和食品垃圾是城市垃圾中回收利用的主要对象。

(3)建筑垃圾。许多餐饮企业经常进行装修和改造，由此产生了大量的建筑垃圾。

(4)清扫垃圾。餐饮企业日常保洁过程产生的垃圾。

(5)危险垃圾。危险垃圾包括干电池、日光灯管、体温计等各种化学、生物的危险品，易燃易爆物品，含放射性物质的废物。凡对人类和动植物生命具有瞬间、短期或长期危害的垃圾都称为危险性垃圾。这类垃圾一般不能混入普通垃圾中，应单独清运和处置。

2．餐饮企业垃圾管理

(1)垃圾物调查实施。垃圾物管理首先要从废弃物的清查开始，要对餐饮企业产生的废弃物的数量和种类进行评估，获得对垃圾进行计量、分类和再利用的数据，根据营业额计算的理论数据进行比较，才能知道被无效废弃的物品的量。其次，再调查在被使用的物品中有多少量是有可能减少的，这要通过对各道工序进行分析才能获得。通过调查，还应获得一些基本的数据：平均每位客人每天产生的垃圾量、平均每间办公室产生的垃圾量、每万元营业额产生的垃圾量等。通过以上调查和评估，然后才能进行餐饮企业的废弃物管理。

(2)实现垃圾物的再循环。垃圾的再循环首先要制订再循环方案，再循环的实现要从垃圾的分类收集开始，分类后的垃圾可以卖掉，以用于处理或再生产。一般情况下，当物品能够满足相同的功能或相关的功能时，就可以被再利用。事实上，要建立一个废弃物再循环方案是十分容易的，但要让它运转得很好是件非常难的事情。对废弃物进行收集分类越早越好，最好是在废弃物产生时。较清洁的废弃物往往具有较高的价值。其次，要对无害废弃物实施分离，在实施废弃物分离方案之前，要找出哪些材料可以被当地的废弃物处理商收购，这些材料往往是无害的废弃物。

3. 减少垃圾的措施

餐饮企业在废弃物管理中一个方面是要对垃圾进行有效的分类收集，但从餐饮企业自身的效益而言，更重要的是采取措施，减少垃圾。当然，这些做法不是对每个餐饮企业都适用的，当这些行动在餐饮企业中不可行时，可以试着按一个原则来进行，即不能减少时，就必须对其实施严格的控制。

4. 垃圾房的设置和管理

垃圾房是餐饮企业暂时储存垃圾的地方，位置不合适或管理不善都可能造成环境的污染。在设置餐饮企业垃圾房时，首先，要考虑垃圾房的容量，一般餐饮企业的垃圾每天都能得到清运，所以垃圾房能容纳一天的垃圾量就可以了。为了计算一天的垃圾量，餐饮企业要对日常的垃圾量进行统计，计算平均每位客人的垃圾量。其次，餐饮企业的垃圾房不应是露天的，露天的垃圾房会污染环境，尤其是储存有机垃圾时，还要考虑提供低温条件。第三，垃圾房应和出口接近，使垃圾可以迅速运走，但不能设置在主出入口的视线内。垃圾收集和运输的线路要严格设计和规定，使垃圾在室内的时间最少并与食物流线等分开。第四，垃圾房应带有地面排水的洗涤场地。

垃圾房应有专人管理，垃圾要及时清运。如果在垃圾房进行垃圾分类的，对垃圾的分类要求、操作的方法、人员的卫生防护都要做出相应的要求。危险废弃物储存箱应有标志，并注意它的泄漏问题。垃圾房及垃圾箱要保持整洁和卫生，清洗垃圾房的污水不能直接进入排水系统，需要经过处理后才能排放。

燃料管理

1. 燃料产生的环境问题

燃料极易燃烧而导致火灾；作为气体，它们易挥发，有产生爆炸的危险；如果燃油进入土壤，就会覆盖在它所污染的土壤上，然后逐渐渗入地下，污染地下水。

2．餐饮企业燃油管理

(1)对燃油实施管理的目的确保目前没有造成环境污染；确保将来也不会导致污染；确保需要用油的地方，所有的设施都能正常工作；确保消灭火灾隐患；防止燃油泄漏导致的经济损失。

(2)如何实施燃油管理首先要对现有的储存和使用情况进行调查，调查内容包括：评估油箱和油分配系统的状况；收集维修和操作方面的信息；收集有关泄漏检查和防止溢出的技术方面的信息；收集相应的法律法规，对遵守情况进行评估，检查对燃油的管理是否满足要求。

通过上述调查，如果发现有不能解释的燃油减少情况，就可以怀疑有油的泄漏发生。应当同当地的消防部门、地方相关部门或设备的供应商联系，采取一切可能的措施去除油的泄漏，如果发现有蒸发的现象还应进行通风。

其他有害物质管理

1.危险材料的定义

这里的危险材料是指任何能导致伤害、健康的损伤或生物组织的死亡，或可能损坏环境的物质。餐饮企业在每天的操作中都可能使用到许多危险材料，而且它们的使用可能也意味着产生危险废弃物。从危险材料以及它们产生的废弃物的危害而言，小心地使用、贮存和处理是非常重要的。有毒的材料主要包括那些有毒、易燃、易爆、腐蚀或易传染的物质。有毒物质是指那些当吸入、摄入或被吸收后可以对健康、身体造成损伤或精神伤害甚至死亡的物质，例如杀虫剂、除草剂等。易燃物质是指容易被火星和火焰引燃导致火灾的物质。特别要注意的是一些低燃点的液体，例如溶剂和燃油。易爆物质是指能通过自然的化学反应在一定的温度、压力和速度下产生气体导致对周围环境的破坏的物质。腐蚀物是指能通过化学反应破坏其他物质的物质。当它和人体组织相接触时，会灼伤或破坏人体的组织，危险最大的是皮肤、眼睛、肺、肾。一般炉具和卫生间的清洁剂通常是腐蚀性的物质。具有传染性的物质是指含有活性的微生物或它们的

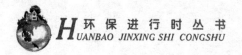
毒素，能导致疾病，例如受肉毒杆菌、沙门氏杆菌等污染的食品。

2.餐饮企业中的危险物质

餐饮企业危险物的来源：

(1)厨房。厨房可能会使用的化学物质主要有漂白剂、炉灶和下水道的清洁剂、酸、消毒剂、杀菌剂、杀虫剂等。

(2)洗衣房用于干洗的化学剂是易燃物，并且在室温下能释放出潜在的有毒气体。漂白剂有时会用于去污和漂白织物，如有含氯的物质，就需要引起特别的注意。

(3)工程和维护。工程维护人员在工作中可能会使用多种危险物质，包括溶剂、酸、油和润滑剂、油漆、木材防腐剂、液压器中的液体、燃料油、黏合剂等。

(4)行政办公室。一般的办公室和商务中心会使用一些化学物质，这些物质包括溶剂，印刷用油墨、化学剂及化学清洁剂，复印机用的墨盒等。

第三章

低碳通讯，营造绿色的信息时代

一、小小SIM卡，绿色大文章

1．SIM旧卡再利用

这是基于远程写卡系统的一种特殊应用，即在营业厅前台建立操作终端，服务器在对客户端的身份合法性鉴权通过后，客户端调用卡片格式化组件清空已经不用的SIM卡中ICCID、IMSI、KI等个人化关键数

SIM卡

据，将已使用的SIM卡重新格式化为不含动态数据的空卡，再通过远程写卡写入新的个人化数据并重新入网使用。

基于远程写卡系统的SIM卡再利用技术能够有效减少SIM卡的发行量，将用户手中的废旧卡片重新利用，实现SIM卡的节能减排。据测算，每减少28万张卡，即可节约1.2吨PVC+ABS，可减少1万千瓦时电力消耗。

中国移动江苏公司从2006年开始对SIM卡再利用技术进行试点，获得了良好效果。集团公司在此基础上形成技术规范，于2008年开始全面推广SIM卡再利用技术，各省都建立了SIM卡再利用系统，SIM卡再利用数量超过200万张。

2．SIM卡小卡化

在实现SIM卡旧卡再利用的基础上，中国移动进一步研究SIM卡的节能减排技术，提出了SIM卡小卡化设想。即通过改造SIM卡生产工艺和流程，在一张卡基上集成两张小卡。SIM卡卡体上仅印刷必要的图案和标志，并在SIM卡生成流水线末端增加专用冲切和包装设备，在工厂内直接冲切为小卡，包装后以小卡供货，卡体在厂家直接回收。这样，不但实现

了SIM卡原料的节约，而且彻底杜绝了SIM卡卡体污染，节能减排效果明显且设备改造简单、实现周期短。

一张小小的卡片，对于中国移动而言降低成本是有限的，然而，中国移动却要不遗余力地做这项工作，其中一个主要的原因是这个创新举措有很好的社会效益，可以起到很好的保护环境示范作用。按照目前中国移动每年SIM采购量5亿张来计算，若采用SIM卡小卡化技术，相当于每年减少塑料袋使用量2.5亿个，减少白色污染2500吨，为国家节约原油7500吨，节约煤耗10吨，减少二氧化碳排放20.6吨（相当于6250辆轿车一年的排放量），减少造纸108.75吨（相当于节约2175万张A4用纸，相当于少砍伐20年树龄的树木2167棵），减少排放、保护环境的效果十分明显。

3. SIM卡新型卡基

SIM卡卡基采用新型环保材料技术，包括纯ABS卡基和纸质卡基等，最大程度减少SIM卡对环境的影响，形成了相关技术的企业标准。

新型卡基相关技术要求必将推动SIM卡产业链朝着更加环保、节能的方向发展，体现中国移动的企业社会责任。

SIM卡卡基

二、电子渠道——多样化的绿色服务渠道

电子渠道是指公司与客户非面对面、通过信息化方式提供服务和销售产品的自有渠道，是中国移动整体渠道体系的重要组成部分，与实体渠道互为补充、相互结合，形成多层次、立体化的服务营销渠道体系。电子渠道的推广应用，有利于在扩大并改善服务营销的市场效果前提下提升中国移动社会责任，提升节能减排自身价值和达到成本集约的多重目的，此外也将有助于加强渠道管控力，整合中国移动营销资源，有效降低实体渠道现实压力。

目前，成型的电子渠道包括自助服务终端、网上营业厅、掌上营业厅、短信营业厅、10086服务热线等。这些渠道各有特点，各有侧重，互为补充，形成了具有中国移动特色的电子渠道服务体系。

中国移动开展的电子渠道营销模式形式多种多样。例如，为实现交费电子化，公司开辟了与银行合作的POS机交费，建行ATM机自助交费、网上银行交费、空中营业厅业务、利用短信合作模式实现智能交费，利用三方支付平台实现网上交费、彩信账单等多种电子化方式交费，目前每月电子化交费业务量高达10多亿元，分流了80%的实体自有渠道的交费业务量，使营业厅资源得到了合理使用。

电子化渠道的推广不仅使客户获取话费信息、办理基础业务更加方便快捷，同时还综合利用了各类资源，减少了前台打印账单、详单的数量，节省了打印纸张的成本，延长了打印设备的寿命，对于公司节约开支、节能减排发挥了较大作用。

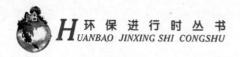
三、绿色营销模式——人性化的绿色服务模式

新生活新理念

为了向客户提供更优质的服务，中国移动以客户需求为导向，在实现客户界面信息平台和渠道管理的统一营销渠道电子化、打造绿色营销模式方面进行了积极的尝试和推广。

中国移动渠道电子化主要经历了如下三个阶段：第一个阶段是作为传统渠道的补充，以短信为主，业务范围单一，功能有限，使用者有限；第二阶段以满足用户获取信息为主，同时分流传统渠道的服务压力，如网上营业厅、手机WAP；第三阶段兼顾服务与营销功能，方便用户远程办理业务，如手机小额支付等。目前中国移动渠道电子化正处于第三阶段，并将最终发展成为以个人为主的金融、消费、生活的交付中心，与各领域业务全面融合，转型成为社会IT中心之一。

手机WAP

中国移动电子化自助服务包括网上营业厅、电话营业厅、自助服务终端和掌上营业厅四种形式，整体具有方便、快捷，运营成本低，客户满意度高，能源投入少的特点。电子化自助服务的广泛应用，对中国移动而言，缓解了营业厅人工台席服务的压力，减少了企业运营成本；对客户而言，这种不用排队的自主服务提高了业务办理的效率，减少了时间成本和交通费用，提高了客户满意度；对社会而言，由于大量客户通过电子渠道办理业务，减少了纸张的使用，并减少了对公共交通等资源的使用，遏制

了社会车辆能耗及废气排放量的迅猛增长势头，一定程度上为实现低碳经济做出了自己的贡献。据统计数据，电子化服务方式承担着某市90%的业务办理量。2007年1月初某公司自有渠道接待客户数170万，四大电子化服务以及营业厅前台的业务办理总量为200万笔，其中42万笔在营业厅前台办理；2008年5月底自有区渠道接待客户数变为220万，电子化自助服务方式业务办理总量达到310万笔，其中仅31万笔在自有营业厅前台办理，即仅9.8%的业务通过自有营业厅前台办理，90%的业务通过电子化服务方式办理。该市公司自有渠道营业90%以上的缴费额转移到了营业厅内的自助终

电子化自助服务

端上，与此同时，自有营业厅前台受理的可自助业务办理占比持续下降，从2007年1月的61%下降到了2008年5月的8%。自有营业厅前台人工受理业务的价值大幅度提升，由大量基础业务受理转变为了手机销售、新业务销售，营业厅效能整体得到了提升。顾客自助服务不仅解决了客户的排队问题，并且节约了由于客户增长而潜在增加的营业厅和台席的需求量。

业务办理的电子化为中国移动实现了大量人员和纸张成本的节约。据统计，单台自助终端就可以实现相当于3.2名营业员的业务办理量，而单台自助终端单月的成本却只相当于单人成本的1/3。2007年1月至2008年5月，中国移动重庆公司各类电子化渠道业务办理总笔数达3900万笔，实现节约用纸670吨，为企业节约了各类成本共计1250万。

电子化自助服务在为客户提供方便、实现企业效益和客户效益双提升的同时，也实现了对资源的节省和对环境的保护。目前，我国每生产1吨纸耗费20棵大树、100立方米水，这就意味着，2007年1月至2008年5月，短短的一年多时间里，中国移动重庆公司的顾客自助服务为我们生存的地球保护了1.3万棵大树，节省了6.7万吨水。

2. 客户无意识的减排

电子渠道的大力推广，在客户中逐渐形成了绿色的消费习惯。客户足不出户，通过手机、电脑、电话随时随地办理业务，减少了对公共交通资源的占用。由于人们活动的差异化和不稳定性，我们无法估测出由于顾客使用电子渠道服务后到底可以节约多少千米的行程，从而节约多少的油耗。但低碳经济只是刚刚起步，在大部分的服务渠道电子化后，中国移动相信由于公共交通的减少带来的二氧化碳减排潜力是巨大的。

自助服务渠道不仅容易掌控，而且也很方便，人们不用请别人帮忙键入资料及读取档案记录，随时上网，就可以办理各种事务。互联网是中国移动重要的营销渠道，这条渠道比实体渠道模式运作起来成本要低得多，中国移动正在将更多的工作转移到顾客的电脑中，通过这种简单的、可操作性强的电子渠道形式，慢慢地改变人们的生活方式。在习惯这种生活方式后，人们会在缴纳电费、水费等其他业务的时候同样追求这种电子化的自主服务方式，促使各个行业将客户自助服务及早地纳入企业的规划管理体系中，这样也从侧面促进各个行业在客户服务方面向低碳经济发展。

总之，由于信息技术的发展对人们生活和工作日复一日的渗透，我们的生活消费方式正在发生改变，每一个人通过电子渠道办理业务的同时，也都在有意无意中为低碳经济做出了努力。

四、电信九大领域实现低碳经济

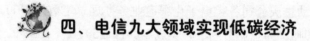

物联网的本质是信息技术应用的泛在化。任何物体，在任何时间、地点都可以互联网的方式互联，纳入人类管理的范畴。物联网的泛在化性质为低碳经济发展提供了强有力的支撑作用。

通过物联网在智能交通、智能电网、智能建筑、智能家居、智能环保、智能农业、移动电子商务等多方面的应用，人类未来将能够借助物联网以更加精细和动态的方式管理生产和生活，从而助力低碳经济的发展。

1.智能交通——实现低碳出行

将物联网技术应用于交通系统等需要数据采集与检测的相关领域，从而给城市交通带来一次全新的升级。比较典型的应用是流量监测、ETC系统、车辆监控、停车位和车联网等。

交通流量监控，通过埋藏在城市主干道路口的成千上万个检测线圈，可以定时收集和感知区域内车辆的速度、车距、道路占有率等信息，从而为路口交通信号控制提供精确的输入信息；ETC系统，据测算，使用ETC通行高速公路收费道口时，单车油耗和尾气排放可以降低约50%，同时道口通行能力提升4~6倍；智能停车位管理系统，市民可以通过手机或电脑适时了解目的地车位情况，选择出行方式和地点，从而大大减少能耗和碳排放，中国电信已在东莞市有了相应的应用；车联网，就是建立以车为节点的信息系统，利用物联网技术，将每辆汽车作为一个信息源，通过无线通信手段联接到网络中，进而实现对车辆和交通的智能管理，具体包括车辆信息的获取、分发和加工，车辆获得外部综合信息等三方面的应用。

智能交通设施

2.智能物流系统——流通环节的节能控制

据中国物流权威机构推算，我国物流成本占GDP的比重每降低1个百分点，就可以在货物运输、仓储方面节能降耗1000亿元以上，可以增加1300亿元左右的社会效益。

中国电信开发的"物流e通"服务平台，就是借助无线视频监控、RFID等物联网技术，实现车辆位置服务、视频监控、综合办公等功能，提高了物流管理的效率和效益。

3.智能楼宇——建筑节能新手段

通过物联网智能网关将通信与传感控制网融合起来，可以把楼宇类能耗、自来水、废气排放、污水排放等各类数据汇聚起来，传输到综合应用平台上作分析和统计，进行节能减排的分析判断，从而提出优化能耗的建议和控制，使得楼宇的能耗能够显著降低，最多的情况下能降低20%。

4.智能电网——提高电能效率

中国电信运营商开发的基于物联网的智能电网应用，主要体现在居民远程抄表、大用户负控、台区监控等。居民小区抄表是指通过抄表集中器和采集器，将若干小区电表集中在一处，统一上报给主站系统平台，监测小区居民电能表数据。大用户负控是指使用智能电表，通过远程传输，实时监测专变的工作状态和用电量。台区监控则是电力局通过智能仪表和远程传输手段，远程实时监测台变的工作状态的系统平台，通常监测台变负荷、油温、电压、电流、是否偷漏电等数据监测。

5.智能农业——降低农业生产能耗

物联网在农业上的应用目前主要体现在温室大棚管理、农机具管理、粮食仓储、水利灌溉和农产品溯源等方面。其中温室大棚管理成为当前最大亮点。

作为农业高产的重要手段，大棚种植、大棚养殖以其前所未有的趋势在全国得以蓬勃发展。在温室大棚生产、管理过程中，农民需要通过采用综合环境控制策略，实时了解农产品的生长状态，创造和季节无关的农作物生长适宜环境，从而实现农作物高效、优质、低耗的工业化生产方式。

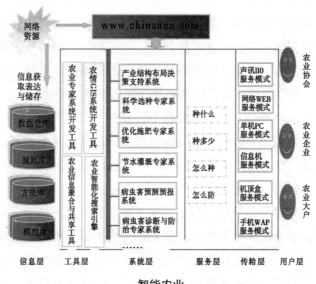

www.chinann.com

| 信息获取表达与储存 | 工具层 | 系统层 | | 服务层 | 传输层 | 用户层 |

智能农业

6. 智能环保——提高监管效率

"感知环境,智能环保"是物联网在环境保护领域应用的效果。

智能环保是通过布设在水体、陆地、空气中的传感设施及太空中的卫星对水体水源、大气、噪声、污染源、放射源、废弃物等重点环保监测对象的状态、参数、位置等进行多元化监测感知,并结合3G、宽带和软件技术实现对海量数据的传输、存储和数据挖掘,实现远程控制和智能管理。

中国电信的"环保e通"已为环保部门提供对污染源、环境质量、核辐射等点源进行数据采集、视频监控,实现监测数据与监控视频的融合应用,提升环保监管能力,帮助政府监管部门实现减排目标。目前已在福建、湖北、宁夏、江西等18省应用。

7. 防灾减灾——预防灾害减少损失

中国电信和合作伙伴共同开发了基于物联网的地质、山洪灾害监测预警系统,通过有线、无线网络结合传感器网络,远程对降雨量、水库闸坝水位等进行实时监测。

该系统结合气象、水文和国土信息提供警戒值预警预报，提供灾前预警、救灾中的安全保障和灾后的研究分析服务。目前该系统已经服务于国土资源部地质灾害专业监测部门，并在2009、2010年汛期中发挥了重大作用，为湖南、四川、陕西等地地质灾害管理部门提供了快速及时的第一手数据，为政府组织人员转移和减少损失提供了准确依据。

8.绿色网络——通信过程中的节能

削减通信业能耗，发展绿色网络，运营商义不容辞。近年中国电信节能减排工作取得重大成效，2008年节约用电2.2亿度，2009年节约用电3.6亿度，分别节约能耗费用2亿元和3亿元。

在建设绿色网络过程中，除了通常的方式之外，采用传感器技术和云计算也能发挥重要的作用。例如将智能传感器内置在服务器中，来自动追踪热活动，优化系统散热并提高系统效率。这些传感器会自动调整风扇、内存和输入、输出处理等系统组件以降低能源使用率，最大能将散热成本降低40%。

另外，采用云计算，将计算和存储资源集中使用，可以大大缩减IDC机房能耗。例如，HP已将全球85%的数据中心进行整合，集中成全球六大数据中心，PH每年所节省的能源可供旧金山整个城市每年的用电量。

9.低碳生活——百姓生活中的节能

在个人生活和家庭生活中，应用物联网的RFID和传感器技术也能开发广泛的低碳应用。例如目前发展迅速的手机移动支付、手机二维码、家庭网关等应用。

RFID芯片

将RFID芯片与手机SIM/UIM卡结合开发的手机一卡通业务，突破了传统手机仅仅能在通信网络中使用的瓶颈，极大地扩展了手机使用的范围，成为真正意义上的互联网手机。手机二维码是将电子二维码技术应用于手机。按照一定的编码规则编写，像马赛克似的二维码背后蕴藏着丰富的信息。用手机的摄像头轻松一拍，"马赛克"立刻被解码成丰富的信息：拥有者、网址、材料情况、价格、促销信息、是否具备认证等，一应俱全，清楚明晰。以上仅是目前物联网的一些典型应用，展望未来，随着物联网技术的成熟和成本降低，物联网将更加广泛地应用于生产和生活，为低碳经济的发展贡献更大的力量。

 ## 五、移动网络设备节能

　　移动通信网络设备是中国移动的核心设备，也是中国移动的能耗大户、节能减排的主战场。移动基础网设备体积大、造价高，设备功耗耗电动辄数千瓦。随着业务的快速增长，单节点设备处理能力的需求仍在不断提高，大容量、高效率仍是承载网络技术发展的不变趋势，构建绿色承载面临巨大的挑战。设备厂商在网络、设备、器件等几个层面全面采用多种节能新技术与新工艺提升网络与设备能效，相比传统设计大幅度减少核心承载网络运营所需要的设备耗电量与安装空间，有效支撑不断增加的业务容量，相对降低承载网络的TCO(总所有成本，Total cost of ownership)。

　　1. 携手华为，打造绿色移动网络

　　在中国移动不断推进"绿色行动计划"的过程中，华为公司在多个方面对节能降耗、减少排放项目给予了支持，是合作项目最多的设备厂商。

　　在青海湖畔，中国移动和华为公司共同建设了风光互补一体化新能源基站，实现了基站零排放；在广东、广西、浙江等11个省市，中国移动与华为在全球通信行业率先开展了绿色包装试验项目，采用可回收包装替代传统的木材及纸包装结构，使得木材使用量较原方案下降了90%；在海南，中国移动与华为联合开展了机房精确上送风改造，改造后机房空调能

耗降低了30.6%，机房制冷效率提升了54.6%。

对于运营商和设备商来说，建设绿色移动网络是一项复杂的系统工程，而非简单地降低设备能耗。绿色移动网络应该同时满足节能、节材、节地、节人力等多重需求，在减少二氧化碳排放的同时节省总运营成本，实现绿色环保与经济效益的双赢目标。

绿色移动网络

近年来，在GSM基站中一直有一个困扰中国移动的问题，那就是设备能耗高的难题。在华为公司推出绿色CSM基站之后，中国移动看到了这种基站在节能方面的潜力，进行了大范围推广应用，取得了良好的效果。华为公司推出的这种绿色GSM基站由内到外、从4个层面实现了节能减排：第一，应用最新的功放芯片和增强的Doherty高效功放技术，将功放效率由2006年的33%提升到45%，未来将提升到50%以上。第二，绿色节能软件采用载频关断、时隙关断、通道关断等技术，有效降低60%以上的静态功耗，大幅度节约低业务量时的能耗，避免了不必要的能源浪费。第三，采用多密度载波和射频宽带技术实现单模块支持4～6个载波，同等容量下基站体积更小，重量更轻，备电等配套要求更低。第四，分布式基站的BBU可直接安装在现有的站点设备如APM、传输机柜预留的空间之内，而RRU直接采用抱杆、上塔、靠墙等安装方式，安装更灵活，并且省地、节材。中国移动原来网络中运行的GSM基站在S4/4/4典型配置情况下，平均功耗超过1600瓦，而应用了华为新一代节能GSM基站后，在S4/4/4配置下能耗降为1000瓦以下，一个基站一年就可以为公司节省电耗5700千

新生活新理念

瓦时左右。按照目前工业发电的平均效率，300克电煤产生一千瓦时电，一个基站一年节省电煤1.7吨。

在机房建设方面，目前中国移动的机房大多都是砖混结构，这种机房的装修、改造和土建都费时费力。对此，华为公司于2007年底推出了ITS系列绿色环保机房解决方案，力图打造绿色站点。ITS为客户提供完整的机房解决方案，可集成所有配套设备和网络设备，具有快速部署、低能耗、低TCO、高可靠性等特点。ITS1000和ITS2000两种机房相互补充，无使用场景限制，适用于高山、楼顶、平原等所有场所。目前，这种环保机房已经在许多公司众多省市得到了广泛应用。

2008年以来，中国移动和华为陆续在基站、核心网等领域，以及物流、B2B等专题上进行节能减排专项合作，双方不断改进、完善各种节能减排方案，并加以推广应用，朝着"绿色行动计划"的整体目标迈进，引领着中国通信行业节能减排的发展方向。

2. 携手大唐移动——新技术，新起点

为配合中国移动推进"绿色行动计划"，大唐移动成立专门的联合工作组，创建以节能减排为核心的新型合作模式，积极探索细化节能减排指标的体系，通过技术革新，减少设备使用数量，减轻设备重量，提高设备集成度，降低设备功耗。在产品需求、研发、生产、测试和推广等领域，展开深入有效的合作，努力在产品设计、生产制造工艺、元器件选择以及上游原材料供应厂商选择等方面进行节能降耗、绿色环保的全面合作。

大唐移动

环保进行时丛书

HUANBAO JINXING SHI CONGSHU

新
生
活
新
理
念

中国移动启动"绿色行动计划"后，大唐移动从管理和技术入手，提出了可再生能源——配套设施降耗——物流降耗——智能控制降耗——产品设计降耗的节能减排主线，以构建环保节能的绿色通信网络为目标。

中国移动采购设备中一个重要的衡量标准就是产品的节能减排性能。作为中国移动的设备提供商，大唐移动节能减排技术主线产品的节能减排性能最能体现其核心竞争力，大唐移动也历来重视使旗下产品具备这样的能力。以移动通信核心设备节能减排为例，大唐移动根据自身的技术积累和较强的产品实力，推出了集成度高，整机能效好的新一代基站产品，与传统基站相比，能够降低设备能耗30%~40%。

此外，大唐移动提供的RNC采用软硬件节电技术，以全面降耗设计理念为核心，得到了中国移动的高度认可。这种产品在硬件方面具备高集成度、低能耗器件选型；设备散热采用动态变频控制；控制面和业务面资源池的设计，可根据RNC设备在不同时间段的负荷情况进入工作或者休眠模式，并且根据负荷调整单板省电模式等降低功耗。

除了能为中国移动提供高效能的无线接入网产品研制以外，大唐移动还为中国移动设计了一套完备的绿色解决方案，兼顾软件和硬件改进，从产品设计到产品回收，都有着严格的产品规范，真正体现了绿色生态链的核心思想。主要的4项措施为：无线接入网产品低功耗设计；减少基站数量，降低配套功耗；智能化能效比管理EEIM；绿色物流、循环利用。其中，智能化能效比管理EEIM，从基站风扇风速、基带处理板、射频通道关闭等方面进行了软件改造，不仅达到了节能减排的效果，更提高了基站整机的功耗利用率，延长了基站使用寿命。尤其是全动态全矩阵基带池技术，更是在覆盖均衡的设计上实现了节能目标，在可以达到降低成本的同时提高系统覆盖性能的最佳效果。所有这些与中国移动"绿色行动计划"相吻合的理念也促成了双方更加紧密的合作。

六、绿色手机报

　　手机报是电信运营商与内容提供商（国内主流媒体单位）合作的一项增值业务，该项业务以彩信通信方式为主，以WAP方式辅助浏览，向客户提供及时的新闻、体育、娱乐、文化和生活等内容。手机报的诞生不仅给中国报纸行业提供了一个新的发展机遇，还从传统的生产到销售的产业链向零纸张消耗、零报纸印刷、零报纸运输和零报纸存储转变的过程中以信息服务替代实体产品，减少了资源的利用，推进了中国报纸行业的节能减排进程。

　　1．移动新媒体掀起阅读革命

　　排队、等车、坐车时，常能看到这样一群人，他们掏出手机，打开阅读器，翻开彩信手机报，聚精会神地读起"书"看起"报"来。"报纸的消息不够及时，《新闻早晚报》早晨晚上都有，马上就能了解到最新的消息；而且看完的报纸也不知道扔哪儿，彩信只要删除就好了。"喜欢看新闻报纸的小周说道。像小周这样"读报不买报"的例子不在少数。时下，在公交车上、地铁里，很多年轻人盯着手机屏幕，利用间隙时间阅读。手机阅读在我国经过5年的培育期，用户的使用习惯已经初步形成。

　　通过手机进行阅读，渐渐成为一种阅读的新时尚。对于用户而言，手机的相关应用随着3G的成熟与普及，移动网络宽带化、1P化，以及手机终端的智能化变得越来越丰富。随着3G业务的推广、上网资费的下调、智能终端的进一步普

手机报

及、阅读内容的日益丰富，手机阅读必将成为3G时代的主流阅读方式之一。

　　(1)五载修炼，手机报修成"杀手"应用

　　从2004年7月18日《中国妇女报》推出了全国第一家手机报《中国妇

女报——彩信版》起，手机报就显示出强大的生命力。2004年底，重庆报业集团联合重庆移动、重庆联通推出了《重庆晨报》《重庆晚报》和《热报》WAP手机上网版。2005年，浙江日报报业集团、浙江移动通信有限公司和浙江在线新闻网站强强联手，共同启动了国内首"张"省级手机报——浙江手机报。紧接着，《浙江日报》《宁波日报》《温州日报》《南方日报》《广州日报》和《羊城晚报》等报业集团及《瑞丽》杂志等平面媒体集团先后宣布推出手机报。2006年11月7日和2007年2月28日，新华社、人民日报等强势媒体也整合各自旗下的优势品牌，分别推出各自的手机报，把手机报推向新的高潮。

(2)危机中求生存——传统报纸发展新机遇

中国报纸产业经过20多年的高歌猛进，在进入21世纪后开始感觉到了成长乏力的困惑。随着时间的推移，我们发现报纸广告市场的困境越来越严重，读者市场的萎缩也逐渐显现出来。到了2009年，全球经济危机仍未见底，随着订户和广告收入锐减，传统报纸的冬天不期而至。

《人民日报》

许多美国老牌报纸纷纷倒闭或者苟延残喘，据国外媒体报道，2009年前7个月，美国已经有105家报社倒闭。新闻集团董事长鲁伯特·默多克称："对于美国的绝大部分报社，我不会以任何价格收购，因为它们可能将永无止境地亏损下去。"与此同时，国内纸质报纸业也感受到经济寒潮，广告收入普遍锐减，纷纷谋求向数字化发展。

从2004年第一家手机报《中国妇女报——彩信版》面世以来，各地报纸纷纷效仿，几年来手机报遍布大江南北，发展蓬勃。特别是2006年末新华社、人民日报社等中央新闻机构也加入了手机报行列，更为手机报的发展添薪助火。

2．手机报的绿色理念

(1)"绿化"产业链

传统报纸是报社与印刷厂、邮政局或发行公司相互合作，将报纸送到各家各户。而在手机报的产业链下，报社和网络公司共同合作，通过电信运营商的网络将信息发送到用户的手机上。在这个变革中，物质流完全转化为信息流，帮助全社会节能减排。

传统报纸在生产流程中会涉及设备运转、纸张以及印刷过程中带来的化石能源（比如汽油、煤）和电能的消耗；从生产基地运输到零售店会产生交通耗能；在存储过程中，为保持适宜的保管环境而引起的设备能源消耗以及建立仓库等基础设施而带来的能源使用；在最终的销售阶段，则涉及由销售场所带来的各种能源的损耗。相比之下，手机报只在计算机里存储，在网络中传输，这仅仅消耗非常有限的电能。

传统报纸

(2)两英寸的屏幕改变消费习惯

随着手机报的迅猛发展，人们不需要再去报摊买一份报纸，只需要打开手机利用零碎的时间进行阅读和消遣。两英寸的手机屏幕，图片大不过邮票，一行20多字，每页500字到1500字的设置，这种阅读的模式渐渐地改变了人们的消费结构，培养了人们电子化的阅读习惯。这种电子化的方式最具有变革性的就是人们越来越多地依赖网络获得信息，越来越无意识地向非实物化的生活方式转变。

中国互联网络信息中心最近的调查显示，在3G时代有1/3以上的用户表示愿意为新闻信息付费。随着越来越多的人成为手机报的用户，手机报的发展空间会越来越广阔。

3．手机报的绿色实践

中国移动自2004年推行手机报业务以来，各家运营商纷纷效仿，中国联通于2008年、中国电信于2009年也先后投入巨资开办手机报业务。据中国互联网络信息中心在北京发布的《中国手机上网行为研究报告》，由于移动运营商的大力推广，手机报业务在国内取得了很快的进展，用户普及率很高。在CNNIC此轮调研的北京、上海、广州和深圳四个发达城市中，手机报业务的普及率已经达到了39.6%，是手机媒体业务中普及率最高的业务。用户数量的增多代表着越来越多的人认可并接受了这种阅读报纸的方式，手机报渐渐从试运行转向高速发展。据保守估计，2008年年底中国移动手机报用户数有4000万人，全年发送手机报270亿份。按照CNNIC发布的数据，1000个手机报用户中有43个用手机阅读的方式替代了阅读传统报纸的习惯，实现资源和能源的替换，可以估算出2009年中国移动手机报帮助节约生产纸质报纸25亿张，折合重量7.95万吨，相当于少砍伐128万棵20年以上的树木。根据世界自然基金会的测算，基于这样的替代性，以现有新闻纸为基数预测，2020年可以减少二氧化碳排放10.75万吨。

七、低碳通信的努力

为了更好地把低碳理念融入通信领域，我们国家为此做出了很大努力，不妨一起了解一下：

2009年5月 华为推出绿色FTTB解决方案

在德国电信节能减排日活动上，华为展示了其绿色FTTB解决方案。华为把绿色环保作为公司发展的重要战略，积极与运营商开展节能减排合作项目，为实现"绿色华为、绿色通信、绿色世界"的理想而努力。华为不仅在产品与解决方案的节能环保技术方面大力持续创新，而且在行业节能环保标准与法规方面积极发挥作用，推动了行业的可持续发展。

5月18日 爱立信与世界自然基金会（WWF）合作推广ICT减排方案

爱立信与WWF瑞典分会建立合作伙伴关系，旨在鼓励各行业有效利用电信解决方案，以减少全球二氧化碳的排放。双方此次合作主要涉及三个方面：从避免排放的角度找出计算二氧化碳减排量的方法；将低碳电信解决方案整合到城市气候战略之中；为建立促进低碳经济发展的合作伙伴关系提供一个支持平台。

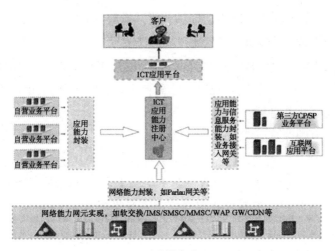

CT减排方案

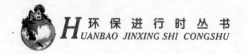
6月18日 中国移动定制空调研发成功

中国移动在北京联合八家空调厂商召开新闻发布会，宣布中国移动成为电信行业内第一家联合家电制作厂家成功开发基站用节能型空调的通信运营商。基站定制空调研发项目启动于2008年8月，经过近一年的努力，基站定制空调的研发工作取得了阶段性的成果，首批基本型基站定制空调已于2009年5月在重庆、福建、广东、湖南四省完成试点。

7月18日 《通信局（站）节能设计规范》发布

工业和信息化部发布《通信局（站）节能设计规范》，编号YD5148-2009。此规范对各种通信局（站）的建筑、通信设备、配套设备等方面提出了节能要求。节能设计应做到因地制宜、技术先进、经济合理、安全适用。改、扩建工程应充分考虑现有通信局（站）的特点，合理利用原有建筑、设备和器材，积极采取革新措施，力求到达先进、适用、经济的目标。

8月 中国电信与中国节能投资公司合作

中国电信集团公司与中国节能投资公司签署《战略合作框架协议》。中国电信利用自身拥有的光纤、有线网络、移动通信网络等资源，利用在信息化建设方面的服务能力和经验最大限度地协助中国节能进行信息化建设。中国节能发挥在节能减排领域内的经验和技术优势，在基站空调节能IDC机房节能等方面为中国电信提供节能减排解决方案。

11月10日 中国移动签《节能自愿协议》

中国移动与工业和信息化部签订了《节能自愿协议》，中国移动向国家郑重承诺，到2012年底实现单位业务耗电比2008年降低20%，明确了近期企业节能减排新目标。

12月 中国联通建新能源示范站

广东联通与中兴通讯合作在深圳大梅沙中兴学院建立风、光、市电互补绿色能源研究示范站。该站点基本不依赖于市电和油机，它的能量来源于风能与太阳能，与现网其他站点相比能源节省效率达90%以上。风光市电互补绿色能源研究实验采用中兴通讯的太阳能发电系统、风力发电系统与备用市电共同组成的供电系统。

2010年1月11日 贝尔实验室倡导"绿色沟通"

阿尔卡特朗讯贝尔实验室宣布组建针对绿色环保通信设备的"GreenTouch"环球论坛。论坛的主要目的是打造能够为今天的电信设备节能1000倍以上的新技术标准。GreenTouch论坛包括了电信工业、学术领域、政府实验室等各个方面。论坛同时欢迎全球ICT领域的各个成员一起来为达成绿色节能的电信网络目标而努力。

3月31日 《携手共建绿色通信》联合倡议书发布

在2010绿色通信与节能创新研讨会上，代表们围绕节能技术现状、设备和网络运维方面的最新进展等话题展开交流讨论，对节能减排创新产品、优秀企业和先进人物进行表彰和宣传，并联合多家运营商和研究机构发布《携手共建绿色通信》联合倡议书。

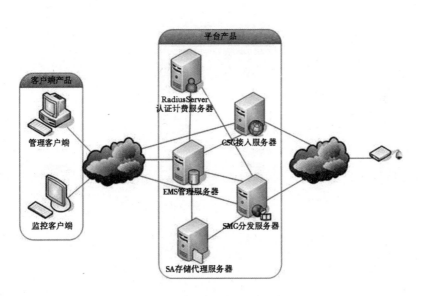

阿尔卡特朗讯

4月12日 节能减排列入央企负责人考核体系

国资委颁布《中央企业节能减排监督管理暂行办法》（国资委令第23号，以下简称《暂行办法》），指导监督中央企业在节能减排和转变发

展方式中进一步发挥表率作用。《暂行办法》将节能减排目标完成情况纳入中央企业负责人经营业绩考核体系，作为对中央企业负责人经营业绩考核的重要内容。三大运营商被升格为关注类企业。

新生活新理念

第四章

低碳企业，向节能激进

一、节能与可持续发展

节约能源、提高能源效率是解决环境问题、增强经济竞争力和确保能源安全的关键因素，是实施可持续发展战略的优先选择。改革开放以来，我国节能工作取得举世瞩目的巨大成就，年均节能率（单位GDP能耗下降率）为发达国家平均水平的3.6倍。

节能与经济增长关系

改革开放以来，我国节能工作取得很大成效，在20世纪最后的20年中，我国国内生产总值年均增长9.7%，而一次能源平均增长仅4.6%，能源消费弹性系数为0.47。这就是说国民经济翻两番多，而能源只翻了一番多，做到了经济发展中能源一半靠开发，一半靠节约。20年中单位产值能耗大幅度下降，我国下降64%，同期内经合组织国家单位产值能耗平均下降20%，全世界平均下降19%。经过20年的努力我国终端能源利用效率和能源效率与国际先进水平差距缩小，终端能源利用效率由1980年的34.4%提高到2000年的49.2%，提高了14.8个百分点，能源效率由1980年的25.4%，提高到2000年的33.4%，也提高了8个百分点。

与国外的差距主要表现在单位产值能耗方面。如按汇率计算，2000年中国每百万美元国内生产总值(GDP)能耗为1274吨标准煤，为日本的9.7倍，为美国的3.5倍，为世界平均的3.4倍（世界平均为377吨标准煤）；但如果按购买为平价(PPP)计算，中国每百万美元国内生产总值(GDP)能耗为276吨标准煤，仅比日本高20%（日本为230吨标准煤），仅为美国的78%（美国为357吨标准煤），比发达国家(OECD)平均值低8%。从这些数字可以看到我国节能潜力巨大，但是节能的难度也比以往20年要大。

我国必须坚持节约优先，走一条跨越式节能的道路，建设节能型社

H 环保进行时丛书
HUANBAO JINXING SHI CONGSHU

中国油气资源

会。这是因为：其一，中国未来的能源增长需求巨大。中国正处于工业化和城市化加速发展阶段，也是能源消耗快速增长的时期。目前，中国能源消费总量居世界第二位，占世界能源消费总量的1/11以上，能源供给和能源安全问题已经显现。由于我国人口多，2003年人均能源消费量仅1.24吨标准煤，人均增加一点，总量就会增加很多；如果未来中国能源消费总量超过美国，产生的问题是难以预料的。其二，中国能源需求结构发生了很大变化。世界各国在工业化过程中都经历了一个能源消费从以煤炭为主向以油气为主的转变。20多年来，在我国煤炭消费比重下降的同时，油气消费比重也快速增加。1993年，中国从石油净出口国变成石油净进口国。随着小汽车进入家庭，油气等优质能源消费需求增加是不可避免的。中国油气资源并不丰富，要保证未来的石油供应，只能增加进口量，这将进一步加大对外依存度。

鉴于中国人口多、人均资源不足的国情，亟须提高能效。我国不能也不应该走浪费资源、污染环境的老路，只能走一条比发达国能源效率高的新型工业化之路。节约能源、提高能源效率是企业降低产品成本、提高竞争力的重要途径。是改善生态环境，减少绿色壁垒对我国的影响、减少温室气体排放的最经济手段；是实施可持续发展战略、发展循环经济的重要内容。随着人民生活水平的提高，现在空调、电冰箱等家用电器耗能已经占我国夏季用电高峰负荷的一半以上。因此，节能关系到每一个人，需要大家的共同努力。我们必须把节能工作提高到全面建设小康社会的战略高度来认识，与控制人口、保护资源和环境放在同等重要的位置，只有这样才能形成"人人爱节约，个个懂节能"的社会风尚。

节能与经济模式的选择

1. 循环经济的内涵与实质

循环经济是指以资源节约和循环利用为特征的经济形态，也可称为资源循环型经济。大力发展循环经济可以从根本上改变我国资源过度消耗和环境污染严重的局面，是我国实现可持续发展战略的必然选择。循环经济的基本运行模式是自然资源—产品—再生资源的循环式、相对封闭式和非线性式经济模式，通过对经济运行的输入端、运行过程和输出端进行减量化、再利用、再循环控制，最终实现低消耗、低排放、低污染循环经济目标。循环经济的内涵是：

（1）在经济源头，减少资源使用量和控制污染原料进入生产、消费循环。当原料进入生产之前，企业通过对不同产品的功能重新组合、制造工艺重新设计，实现不同产品功能整合化、产品体积小型化和产品质量轻型化，来减少商品消费量和降低单位产品的原料消耗量，预先实现节约资源和降低污染排放量。

（2）在生产过程中，通过提高产品的质量、增加产品用途和实施产品零部件标准化，实现产品的耐用性、多用性和替换性；在产品使用过程中，通过反复多次使用和多种用途使用产品，来延长产品使用寿命周期，减少生产和消费中原料消耗和废弃物排放。

（3）通过对工业废料、包装废物、旧货等加以回收利用，重新变成可以利用的资源，使垃圾资源化等，来提高资源利用率和降低环境污染。

（4）自然资源通过循环经济运行模式之后，对于不能回收利用的最终废物进入环境之前，进行无害化或零污染处理，从而实现生态物质系统的良性循环。

循环经济是相对于传统经济而言的。传统经济是以"资源—产品—废弃物—污染物排放"单向流动为基本特征的线性经济发展模式，表现为"两高一低"，即高消耗、高污染、低利用，是不能持续发展的模式。循环经济是以资源—产品—再生资源—产品为特征的经济发展模式，表现为"两低两高"，即低消耗、低污染、高利用率和高循环率，使物质资源得到充分、合理的利用，把经济活动对自然环境的影响降低到尽可能小的程度，是符合可持续发展原则的经济发展模式。

循环经济的主要特征是废弃物的减量化、资源化和无害化。首先在生产和生活的全过程中讲求资源的节约和有效利用，以减少资源的投入，实现废弃物的减量化；其次是对生产和消费产生的废弃物进行综合利用，体现回收再使用和循环利用的原则，达到废弃物的资源化；最后是对不能循环再生的废弃物进行无害化处理，使其不给环境带来污染。总之，发展循环经济，可以解决经济与环境之间长期存在的矛盾，达到经济与环境的双赢。

2.发展循环经济的意义

（1）发展循环经济是实施资源战略，促进资源永续利用，保障国家经济安全的重大战略措施。我国的资源状况是：一方面人均资源量相对不足，另一方面资源开采和利用方式粗放、综合利用水平低、浪费严重。加快发展循环经济在节约资源方面是大有可为的。

（2）发展循环经济是防治污染、保护环境的重要途径。首先，发

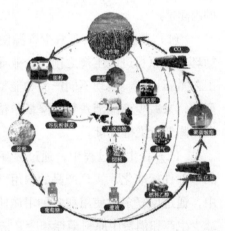

大力发展循环经济

展循环经济要求实施清洁生产，这可以从源头上减少污染物的产生，是保护环境的治本措施。另外，各种废弃物的回收再利用也大大减少了固体污染物的排放。据测算，固体废弃物综合利用率每提高1个百分点，每年就可减少约1000万吨废弃物的排放。

（3）发展循环经济是应对入世挑战，促进经济增长方式转变，增强企业竞争力的重要途径和客观要求。加入世贸组织后，企业面临更加激烈的市场竞争，企业要生存和发展，必须转变增长方式，走内涵发展道路。发展循环经济，可以降低产品成本，提高经济效益，使企业的竞争能力得到增强。

近几年，资源环境因素在国际贸易中的作用日益凸显出来。绿色壁垒

成为我国扩大出口面临最多也是最难突破的问题，有的已对我国产品在国际市场的竞争力造成重要的影响。对此，我们不仅要有清醒的认识，更要及时和巧妙地应对。发展循环经济在突破绿色壁垒和实施"走出去"战略中能发挥重要作用。如采用符合国际贸易中资源和环境保护要求的技术法规与标准，扫清我国产品出口的技术障碍；研究建立我国企业和产品进入国际市场的绿色通行证，包括节能产品认证、能源效率标识制度、包装物强制回收利用制度及建立相应的国际互认制度等。

二、节能的科学发展观

树立全面、协调、可持续发展的科学发展观，促进经济社会和人的全面发展，很重要的一个方面，就是要坚持人与自然的和谐，正确处理发展与资源、环境的关系，解决经济增长与资源环境的协调发展问题。以新的节能理念和科学发展观，大力推行和实施清洁生产，提高资源利用效率，预防污染的产生，这是实施可持续发展战略的重要措施。

我国《清洁生产促进法》于2003年1月1日起施行，这标志着我国推行清洁生产从此进入依法全面推行清洁生产的新阶段，预示着我国推行清洁生产的步伐将大大加快。

清洁生产的由来

工业革命以来，特别是20世纪以来，随着科学技术的迅猛发展，人类征服自然和改造自然的能力大大增强，人类创造了前所未有的物质财富，人们的生活发生了空前的巨大变化，极大地推进了人类文明的进程。但另一方面，人类在充分利用自然资源和自然环境创造物质财富的同时，却过度地消耗资源，造成严重的资源短缺和环境污染问题。20世纪60年代发生了一系列震惊世界的环境公害事件，威胁着人类的健康和经济的进一步发

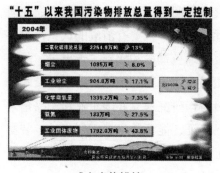

"十五"以来我国污染物排放总量得到一定控制

2004年

二氧化硫排放总量　2254.9万吨　↘13%

烟尘　1095万吨　↘6.0%

工业粉尘　904.8万吨　↘17.1%

化学需氧量　1339.2万吨　↘7.35%

氨氮　133万吨　↘27.5%

工业固体废物　1792.0万吨　↘43.8%

减少废物排放

展，西方工业国家开始关注环境问题，并进行大规模的环境治理。这种先污染、后治理的末端治理模式虽然取得了一定的环境效果，但并没有从根本上解决经济高速发展对资源和环境造成的巨大压力，资源短缺、环境污染和生态破坏日益加剧。末端治理环境战略的弊端日益显现：治理代价高，企业缺乏治理污染的主动性和积极性；治理难度大，并存在污染转移的风险；无助于减少生产过程中资源的浪费。

　　20世纪70年代中后期，西方工业国家开始探索在生产工艺过程中减少污染的产生，并逐步形成了废物最小量化、源头削减、无废和少废工艺、污染预防等新的污染防治战略。1989年，联合国环境规划署为促进工业可持续发展，在总结工业污染防治正反两方面经验教训的基础上，首次提出清洁生产的概念，并制订了推行清洁生产的行动计划。1990年联合国环境规划署在第一次国际清洁生产高级研讨会上正式提出清洁生产的定义。1992年，联合国环境与发展大会通过了《里约宣言》和《21世纪议程》，会议号召世界各国在促进经济发展的进程中，不仅要关注发展的数量和速度，而且要重视发展的质量和持久性。大会呼吁各国调整生产和消费结构，广泛应用环境无害技术和清洁生产方式，节约资源和能源，减少废物排放，实施可持续发展战略。清洁生产正式写入《21世纪议程》，并成为通过预防来实现工业可持续发展的专用术语。从此，清洁生产在全球范围内逐步推行。

清洁生产的定义与内涵

　　1998年在第五次国际清洁生产研讨会上，清洁生产的定义得到进一步的完善。联合国环境规划署关于清洁生产的定义是：清洁生产是将综合性预防的环境战略持续地应用于生产过程、产品和服务中，以提高效率，降低对人类和环境的危害。对生产过程来说，清洁生产是指通过节约能源和资源，淘汰有害原料，减少废物和有害物质的产生和排放；对产品来说，清洁生产是指降低产品全生命周期，即从原材料开采到寿命终结的处置的整个过程对人类和环境的影响；对服务来说，清洁生产是指将预防性的环境战略结合到服务的设计和提供服务的活动中。

我国《清洁生产促进法》关于清洁生产的定义为：清洁生产是指不断采取改进设计、使用清洁的能源和原料、采用先进的工艺技术与设备、改善管理、综合利用等措施，从源头削减污染，提高资源利用效率，减少或者避免生产、服务和产品使用过程中污染物的产生和排放，以减轻或者消除对人类健康和环境的危害。

这两个定义虽然表述不同，但内涵却是一致的。《清洁生产促进法》关于清洁生产的定义借鉴了联合国环境规划署的定义，结合我国实际情况，表述更加具体、更加明确，便于理解。

从清洁生产的定义可以看出，实施清洁生产的途径主要包括五个方面：

①改进设计：在工艺和产品设计时，要充分考虑资源的有效利用和环境保护，生产的产品不危害人体健康，不对环境造成危害，能够回收的产品要易于回收。

②选择能源：使用清洁的能源，并尽可能采用无毒、无害或低毒、低害原料替代毒性大、危害严重的原料。

③节能降耗：采用资源利用率高、污染物排放量少的工艺技术与设备。

④综合利用：包括废渣综合利用、余热余能回收利用、水循环利用、废物回收利用。

⑤改善管理：包括原料管理、设备管理、生产过程管理、产品质量管理、现场环境管理等。

实施清洁生产体现了四个方面的原则：

①减量化原则，即资源消耗最少、污染物产生和排放最小。

②资源化原则，即将三废最大限度地转化为产品。

③再利用原则，即对生产和流通中产生的废弃物作为再生资源充分回收再利用。

④无害化原则，尽最大可能减少有害原料的使用以及有害物质的产生和排放。清洁生产体现了集约型的增长方式和发展循环经济的要求。

清洁生产的特点

①战略性。清洁生产是污染预防战略，是实现可持续发展的环境战略。作为战略，它有理论基础、技术内涵、实施工具、实施目标和行动计划。

②预防性。传统的末端治理与生产过程相脱节，即先污染，后治理；清洁生产从源头抓起，实行生产全过程控制，尽最大可能减少乃至消除污染物的产生，其实质是预防污染。

③综合性。实施清洁生产的措施是综合性的预防措施，包括结构调整、技术进步和完善管理。

④统一性。传统的末端治理投入多、治理难度大、运行成本高，经济效益与环境效益不能有机结合；清洁生产最大限度地利用资源，将污染物消除在生产过程之中，不仅环境状况从根本上得到改善，而且能源、原材料和生产成本降低，经济效益提高，竞争力增强，能够实现经济效益与环境效益相统一。

⑤持续性。清洁生产是个相对的概念，是个持续不断的过程，没有终极目标。随着技术和管理水平的不断创新，清洁生产应当有更高的目标。

三、节约型企业的含义

对于节约型企业的含义，现在还没有固定的说法。但是对企业本身来说，节约型企业的含义却非常深刻。我们现在讲的节约型社会，是指在生产、流通、消费各种领域中通过采取法律的、经济的和行政的等等综合措施提高资源的利用效率，以最少的资源消耗来获得最大的经济和社会的收益，保障经济社会的可持续发展。因此，简单来说，节约型企业应该是资源消耗少、成本水平低、科技含量高、经济效益好的企业。

其中节约两个字具有双重的含义：第一，对相对浪费的解释；第二，要求在经济运行中对资源需求实行节量化，在生产和消费中用尽可能少的资源或者利用可再生的资源，创造相同的财富或者更多的财富。从这个含义上来说，节约型企业是我们追求的目标。加强成本管理是建设节约型企业的一个目标之一，目的是使企业获得更多的效益。但是节约并不一定就意味着控制成本而限制发展。创建资源节约型社会、创建资源节约型企业是一个全社会的工程，需要全社会的努力，其中政府是一个很重要的因素。政府起领导、导向的作用。为了促进这项工作开展，我们国家的有关部门正在考虑拟选一批资源消耗大、在国民经济中发挥着重要作用的企业予以重点监测，考虑从中央企业里选出一批重点存在节能降耗空间的企业，加强他们对资源消耗的管理。

发展节约型社会，建设节约型企业，首先是资源的节约。节约型社会首先是资源节约型社会，节约型企业首先是资源节约型企业。建立资源节约型社会的必要性是由资源的有限性决定的。地球上任何一种自然资源都是有限的。据有关资料显示，地球上尚未开采的原油储藏量已不足2万亿桶，可供人类开采时间不超过95年。在2050年之前，世界经济的发展将越来越多地依赖煤炭。其后在2250到2500年之间，煤炭也将消耗殆尽，矿物燃料供应面临枯竭。另据有关资料，世界上的森林到1998年为止，已经消失了一半，而且还在以每年1600万公顷的速度减少。有关调查表明：地球上有3.4万种野生植物即将灭绝，这个数字占世界各地已知的蕨类植物、松柏类植物和开花类植物总数的12.5%。到2025年，全世界2/3的人口将受到用水短缺的影响，也就是说，世界上的绝大多数人都必须掂量着用水。与其他国家相比，我国资源短缺问题更加突出。我国人均土地只有世界平均水平的一半；在全国600多个城市中，有400多个城市供水不足；到2010年，我国现有的45种主要矿产中可以满足经济社会发展需要的仅有21种。日益严重的资源短缺决定了我们必须建立资源节约型社会。

新
生
活
新
理
念

　　建立资源节约型社会是我国实现现代化的必然选择。我国社会主义制度建立在社会生产力不发达的基础之上，要缩短与发达国家的差距，实现现代化，必须长期坚持艰苦奋斗、勤俭节约。而建立资源节约型社会，是长期坚持艰苦奋斗、勤俭节约的必然选择。

　　节约资源是人类社会发展的永恒主题。人类需求的无限性与资源的有限性之间的矛盾是人类生存的永恒矛盾。即使在古代社会，人口少，资源相对丰富，但因人们创造财富的能力有限，这一矛盾仍然存在。唐朝诗人白居易说："天育物有时，地生财有限，而人之欲无极。以有时有限奉无极之欲，而法制不生其间，则必物暴殄而财乏用矣。"可见，古人就已认识到人类需求的无限性与资源有限性之间的矛盾。到了今天，这一矛盾就更加突出，因而更加需要节约资源。

　　能源的紧缺问题是世界性的问题，同时，对于我国更是长期制约国民经济发展的一个突出问题。能源的紧张需要全社会来关注。节约要落实到每一个环节、每一个人。同时，我们也要发展更多的新型能源，比如风能、煤变油，甚至将来更多地使用核能。从长远来看，必须把节约和技术创新有机地结合起来，才可能从根本上缓解能源紧张问题。

节约水资源

四、余热资源

在各种类型的企业中，余热资源大量而普遍存在，特别在钢铁、石油、化工、建材、轻工和食品等行业的生产过程中都存在着丰富的余热资源，被认为是继煤、石油、天然气和水力之后的第五大常规能源，因此充分利用余热资源是企业节能的主要内容之一。

在各种生产过程中，往往会生成具有热能、压力能或具有可燃成分的废气、废汽、废液等产物，在不少化学工艺过程中，还会有大量化学反应热释放出来。有些产品还可能会大量地物理显热。这些带有能量的载能体都称为余能，俗称余热。这些余热资源可用于发电、驱动机械、加热或制冷等，因而能减少一次能源的消耗，并减轻对环境的热污染。

能量有品位的高低，而热能是属低品位的能，它也可用从它转换为高品位能和直接利用时的难易程度或作用大小来区分其量的高低。通常用温度高低来评价热能品位是一种比较简单和直观的方法。获得热量的温度越高，则利用方便；温度低的热量利用就困难。当温度低到环境温度时，它就无法利用了。

我国工业企业的余热利用潜力很大，余热利用在当前节约能源中占重要地位。余热资源的回收利用要求工艺上需要、技术上可行、经济上合理和保护环境，因此不是件轻而易举的事。如何应用当代最新科学技术充分利用余热资源是摆在我们面前的重要任务和研究课题。

余热资源是指在目前条件下有可能回收和重复利用而尚未回收利用的那部分能量。它不仅决定于

余热资源利用系统

能量本身的品位，还决定于生产发展情况和科学技术水平，也就是说，利用这些能量在技术上应该是可行的，在经济上也必须是合理的。例如欲回收100℃以下的低温余热，就要有解决相应技术难题的能力；要从高温高腐蚀性介质中回收余热，首先必须有耐热耐蚀性很强的材料等。因此，余热资源的数量是随着生产和科学技术的发展水平而不断变化的。

必须指出，余热回收固然很重要，但最根本的问题还在于尽量减少余热的排出，这方面的主要措施是降低排烟温度，减少冷却介质带走的热量，减少散热损失，提高热工设备本身的效率等。

余热资源分类

1.按来源划分

按余热资源的来源不同可划分为如下六类。

(1)高温烟气的余热

这种余热数量大，分布广。高温烟气余热分布在冶金、化工、建材、机械、电力等行业，如各种冶炼炉、加热炉、石油化工装置、燃气轮机、内燃机和锅炉的排汽排烟，某些工业窑炉的高温烟气余热甚至高达炉窑本身燃料消耗量的30%～60%。它们温度高、数量多，回收容易，约占余热资源总量的50%。

(2)高温产品和炉渣的余热

工业上许多生产要经过高温加热过程，经高温加热过程生产出来的产品如金属的冶炼、熔化和加工，煤的汽化和炼焦，石油炼制以及烧制水泥、砖瓦、陶瓷、耐火材料和熔化玻璃等，它们最后出来的产品及其炉渣废料都具有很高的温度，达几百至1000℃以上，通常产品又都要冷却后才能使用，在冷却时散发的显热就是余热。这部分余热往往占设备燃料消耗量的比重较大，如炼钢炉渣显热占冶炼燃料热的2%～6%，有色金属冶炼炉渣占10%～14%。我国每年由冶金炉渣带走的热量相当于2兆吨标准煤。从每吨热焦炭中可回收的热量相当于40千克标准煤，每吨热钢坯可回收显热67兆焦，相当于加热量的1/4。现在炼钢工业中采用的干法熄焦、连铸、热装连轧等新工艺，就是回收这部分余热。高温产品和炉渣的余热约占余热资源总量的6%～4%。

（3）冷却介质的余热

为保护高温生产设备，或生产工艺的需要，都需要大量的冷却介质。常用的介质是水、空气和油。它们的温度受设备要求的限制，通常较低，如电厂汽轮机冷凝器的冷却水，不能超过25℃～30℃，内燃动力机械的冷却水大约为50℃～60℃；温度最高的是冶金炉和窑炉冷却水，也不过80℃～90℃。因此，对这部分低温余热的利用比较困难，需要较大的设备投资，如利用热泵或低沸点工质动力设备等。不过这部分余热量还是相当多的，约占余热资源总量的15%～23%。如冶金炉的冷却介质余热占燃料消耗量的10%～25%，高炉占2%～3%，凝汽式发电厂各种冷却介质带走的热量约占其燃料消耗量的50%。

（4）可燃废气、废液和废料的余热

生产过程的排气、排液和排渣中，往往含有可燃成分。这种余热约占余热资源总量的8%。如转炉废气、炼油厂催化裂化再生废气，炭黑反应炉尾气、造纸生产中的纸浆黑液，以及煤焦油蒸馏残渣等。

（5）废汽、废水余热

这是一种低品位蒸气及凝结水余热，凡是使用蒸气和热水的企业都有这种余热，这部分包括蒸气动力机械的排汽（其余热占用汽热量的70%～80%）和各种用汽设备的排汽，在化工、食品等工业中由蒸发、浓缩等过程产生的二次蒸气，还有蒸气的凝结水、锅炉的排污水以及各种生产和生活的废热水。废水的余热约占余热资源的10%～16%。

废水余热

（6）化学反应余热

化学反应余热主要存在于化工行业，它是一种不燃料而产生的热能，

它占余热总量的10%以下。例如硫酸制造过程中利用焚硫炉或硫铁矿石沸腾炉产生的化学反应热，使炉内温度达到850℃~1000℃，这部分热量可用于余热锅炉生产蒸气，约可回收60%。

由上述可知，余热的来源各异，不同工业行业的余热性质和数量相差很大。据估计，冶金部门总余热资源占其燃料消耗量的50%以上，机械、化工、玻璃搪瓷、造纸等企业占25%以上。

2.按温度划分

(1)高温余热

高温余热指温度高于500℃的余热资源。属于高温范围的余热大部分来自工业炉窑。其中有的是直接燃烧燃料产生的，如熔炼炉、加热炉、水泥窑等；有的主要靠炉料自身燃烧产生的，如沸腾焙烧炉、炭黑反应炉等。国外城市垃圾热值为3349~10465千焦/千克，离开焚烧炉的烟温达到840℃~1100℃，可以回收利用。

(2)中温余热

温度在200℃~500℃之间的余热资源属中温余热。各种热能动力装置及某些炉窑设备中的高温气体在燃烧室或炉膛中做功或传热后排出的气体一般在中温范围内。这档余热温度比较适中，有些可以继续做功，有些可生产蒸气或预热空气等，利用前景良好。

炭黑反应炉

(3)低温余热

温度低于200℃的烟气及低于100℃的液体属于低温余热资源。

低温余热的来源有两个方面：一是有些余热在排放时本身的温度就是低的；另一方面是在高温、中温余热回收中仍然会有剩余的低温余热排放，由于低温余热回收时温差小，换热设备庞大，经济效益不太明显，回收技术也较复杂，因此过去对此不予重视。但当低温余热面广量大时，回收总量也十分可观。随着能源的短缺和科技的进步，近年来对低温余热的回收利用日益重视并取得了进展。

可资利用的余热资源

我国可资利用的余热资源非常丰富。据不完全统计，主要行业工业余热约占工业总能耗的15%。

(1)冶金工业

总体来看，钢铁工业可回收的余热资源约为总能耗的50%。一座现代化的钢铁厂所排放出来的能量有40%存在于各种介质的高温气体中，15%是低温蒸气和热水，还有10%为辐射损失，可见其节能潜力很大。

(2)石油工业

石油加工过程中需消耗燃料、蒸气、电力等各种能源。据石油工业部统计，每加工1吨原油平均消耗燃料（油及气）42.42千克，蒸气570千克，电力34.5千瓦/时。将它们统一折算相当于$358×104$千焦，其中50%以上的能源消耗是通过各种油加热炉和蒸汽锅炉的烟气热；被空气冷却器和水冷却器排放而损失掉的，其中相当一部分还比较集中，可以利用。例如一座年产250万吨的炼油厂，通过空冷、水冷和烟道三方面排走的热量高达每小时$480×106$千焦，其温度都在100℃～550℃范围内。

(3)化工工业

化工企业所消耗的能量约占总能耗的20%，但能量利用率不高。原因主要是由于工序车间操作条件的改变，部分能量由于工艺物流的降温、降压而释放出来，成为废热和废功散失于周围环境中。以轻柴油和石脑油为原料的大型乙烯装置中，裂解气温度高达800℃左右，可以

离心压缩机

用来生产高压蒸气。以重油为原料的合成氨厂中，汽化炉里进行强化放热反应，裂解气温度高达1350℃，也可以用来生产高压蒸气。一套年处理量为240万吨的大型催化裂化装置，可供回收的能量达2万千瓦，除了可满足本装置主风机需要的巨大动力（1.5万千瓦）以外，尚有余力发电，供全厂使用。

由于世界性能源危机的冲击以及化工生产向大型化发展，促使将动力系统引入化工生产并和工艺系统密切结合。例如大型合成氨厂中由于采用了高压余热锅炉、蒸汽轮机及离心压缩机，可以达到基本上不需外供电，能量利用率从20世纪50年代的大约30%一下子提高到60%以上。

(4)机械工业

机械行业中有各种加热设备及炉窑。余热资源也相当丰富，例如锻件加热炉的烟气温度高达1000℃以上。可利用余热锅炉产生蒸气。蒸汽锻锤的排汽压力在大气压以上，而且数量也大。如某汽车制造厂的锻造分厂锻锤排汽就达每小时13吨以上。每年损失热量折合标煤5000多吨。又如各种热处理炉的排气温度达425℃～650℃，干燥炉和烘炉的排气温度达230℃～600℃，这些都是很好的余热资源。

(5)其他工业

造纸、玻璃、建材、丝绸、纺织、食品等工业部门均有丰富的余热资源，例如各类工厂供热系统产生的凝结水，以往多数不予回收，造成的燃料浪费达5%～8%。又如一些设备和部件的工业冷却水，水温为35℃～90℃，是极为广泛而大量的低温余热资源。

五、空调系统节能

中央空调耗能一般有三部分：空调冷热源、空调机组及末端设备、水或空气输送系统。这三部分能耗中，冷热源能耗约占总能耗的一半左右，是空调节能的主要内容。

空调系统设备的能源利用效率通常用能效比(EER)表示。能效比为空调提供的冷（热）量与空调提供冷（热）量时所消耗的能量之比。因而，能效比越高的设备或系统，在满足相同的冷（热）量需求时，所需消耗的电能就越少。节约空调系统能耗的关键在于提高空调系统

空调制冷机

的能效比。要提高空调系统的能效比，就要选用能量利用效率高的设备和系统形式，并避免设备容量配备过大，同时在只有部分负荷时，该系统能够高效率地工作。

对于一个大型建筑，采用多分区空调对节能有利。由于同一建筑物平面和竖向各处空调负荷差别很大．各个房间要求的室内空气参数不同，为做到节能与经济运行，应将系统分区。例如，体型很大的建筑的周边区受室外气温变化和太阳辐射的影响较大，不同朝向房间的四季空调负荷随室外气象条件变化，而内区的空调负荷则较为稳定。除了按朝向分区外，还可按建筑物不同用途、不同的使用时间进行分区，以满足不同的使用要求。

空调制冷机是空调系统的心脏，其能耗在整个空调系统中所占比重很大。按目前我国一般情况，夏季制冷以电动冷水机组一次能效比最高，其中又以离心机组能效比最高；但不同型式的机组单机制冷量范围不同。由于制冷机组大部分时间在部分负荷下工作，此时效率小于在满负荷运行时，因而宜选择部分负荷性能较好的产品。采用变频调速技术的设备，具有良好的能量调节特性。合理配置机组的台数及容量大小，以便在运行中根据负荷的变化进行机组的合理调配，可使设备尽可能满负荷高效率运转。

一般空调水系统的输配用电，在冬季供暖期间约占整个建筑动力用电的20%～25%；夏季供冷期间约占12%～24%，因此水系统节能也具有重要意义。目前，空调水系统存在着许多问题，如：选择水泵是按设计值查找水泵样本的铭牌参数，而不是按水泵的特性曲线选定；不是对每个水环路都进行水力平衡计算等。按照实际需要选用空气处理设备和水泵，采用变风量系统和变流量水系统，组织良好的气流，注意水系统分支环路的水力平衡，都有利于降低空调风机、水泵的能耗。

国产风机盘管从总体水平看与国外同类产品相比差不多，但与国外先进水平比较，主要差距是耗电量、盘管重量和噪声方面。因此设计中一定注意选用质量轻、单位风机功率供冷（热）量大的机组。空调机组应该选用机组风机风量、风压匹配合理，漏风量少，空气输送系数大的机组。

由于电网峰谷差值日益增大，蓄冷空调正在发展。即在电网低谷负荷时，用蓄冷空调设备制冷，将冷量以冷冻水、冰或凝固相变材料的方式储存起来，而在空调高峰时段，即电网高峰时段，利用储存的冷量向空调系统供冷，从而减少空调制冷设备容量、降低系统运行费用，也有利于电网削峰填谷。

采用蓄冷系统时，有两种负荷管理策略可考虑。当电费价格在不同时间里有差别时，可以将全部负荷转移到廉价电费的时间里运行。可选用一台能储存足够能量的传统冷水机组，将整个负荷转移到高峰以外的时间去，这称为全部蓄能系统。这种方式常常用于改建工程中原有的冷水机组，只需加设蓄冷设备和有关的辅助装置，但需注意原有冷水机组是否适用于冰蓄冷系统。这种方式也适用于特殊建筑物需要瞬时大量释冷的场合，如体育馆建筑

热泵

物。在新建的建筑中，部分蓄能系统是最实用的，也是一种投资有效的负荷管理策略。在这种负荷均衡的方法中，冷水机组连续运行，它在夜间用来制冷蓄存，在白天利用储存的制冷量为建筑物提供制冷。将运行时数从14小时扩展到24小时，可以得到最低的平均负荷，需电量大大减少，而冷水机组的制冷能力也可以减少50%~60%或者更多一些。蓄冷空调从该系统本身的运行角度上看并不节能，也不经济；但从全社会的角度上看，由于利用了电网低谷负荷，是一种效益良好的空调节能技术。

热泵也具有良好的节能效果。热泵有空气源热泵、水源热泵和地源热泵等，各有其适用条件。

目前我国空调系统主要用空气源热泵作为冷热源，由于室外机受环境、空气、季节性温度变化规律的制约，夏季供冷负荷越大时对应的冷凝温度越高。众所周知，制冷系统冷却水进水温度的高低对主机耗电量有重要影响，一般推算，在水量一定的情况下，进水温度提高$1°C$，压缩机主机电耗约增加2%，溴化锂主机能耗提高约6%。以土壤取代或部分取代目前的空气热源，无疑将有广泛的应用前景和明显的节能效果。与地面环境空气相比，地面5米以下全年土壤温度稳定且约等于年平均温度，可以分

中央空调系统

别在夏冬两季提供相对较低的冷凝温度和较高的蒸发温度，即分别将地热能作为夏冬两季的低温热源和高温热源。从原理上讲，土壤是一种比环境空气更好的热泵系统的冷热源。

已有的研究表明，土壤热源热泵的主要优点有：节能效果明显，可比空气源热泵系统节能约20%；埋地换热器不需要除霜，减少了冬季除霜的能耗；由于土壤具有较好的蓄热性能，可与太阳能联用改善冬季运行条件；埋地换热器在地下静态的吸放热，减小了空调系统对地面空气的热及噪声的污染。地源热泵空调系统将热泵的高能量利用效率与对土壤的可再生蓄热能利用结合起来，能效比很高。通过输入少量高品位能源（电能），可实现低温热源向高温热源的热量转移。在冬季将地热"取"出用于采暖或热水供应，在夏季将室内热量提取后释放至地层内。所以若能用土壤热源热泵部分取代空气源热泵，必然节约能源并可形成新的空调产品系列。

中央空调系统设计的基本要求是要向空调房间输送足够数量的、经过一定处理了的空气，用以吸收室内的余热和余湿，从而维持室内所需要的温度和湿度。当室内余热发生变化而又需要使室内温度保持不变时，可将送风量L固定，而改变送风温度，也可将送风温度不固定，而改变进风量。那种固定送风量而改变送风温度的空调系统，一般称其为定风量系统。对于服务于多个房间（或区域）的定风量空调系统来说，由于经过空调设备处理过的空气送风温度一定，为了适应某个房间（或区域）的负荷变化，往往需要设立再热装置，才能维持所要求的温度、湿度，否则会产生过冷现象，使经过冷却去湿处理过的空气又进行再热处理，这显然是一种能量的浪费。

对于多数舒适性空调要求来说，并不需要十分严格的温度和湿度控制。变风量系统则可以克服上述缺点，它可以通过改变送到房间（或区域）里的风量来满足这些地方负荷变化的需要。因此，变风量系统在运行中是一种节能的空调系统。在一幢大型民用建筑中，各个朝向的房间一天中最大负荷并不出现在同一时刻。对于定风量系统，总风量是固定的，因而只能按各房间的最大负荷来设计送风量。而变风量系统则可以适应一天中同一时间各朝向房间的负荷，并不都出于最大值的需要，空调系统输送的风量（实际上输送的是能量）可以在建筑物各个朝向的房间之间进行转移，从而系统的总设计风量可以减少，空调设备的容量也可以减小，既可节省设备费的投资，也进一步降低了系统的运行能耗。

合理布置空调器，才有利于其效率的发挥。如分体式空调器室内机应安装在送出的冷气或热风可以到达房间内大部分地方的位置，并使送出的风不受阻挡，以使室温均匀；其室外机应安装在通风良好处，侧边及上部留有足够空间，以利于抽风，提高换热效果，并设遮篷，避免日晒雨淋。还要注意清除换热器上的积灰，以提高实际运行的能效比。

🌍 六、电机系统节能

电动机作为风机、水泵、压缩机、机床等各种设备的动力，被广泛应用于工业、商业、国防、公用设施等各个领域。电动机的用电量在世界各国的总用电量中都占有相当大的比重。在中国，电动机的用电量已经占到社会总用电量的60%以上。

为满足不同机械设备传动和动力的需要，中国小型电动机产品品种已发展到140余个系列，600多个品种，5000余个规格；广泛用于化工、石化及煤炭工业的小型防爆电动机已生产130个系列、2000余个规格。目前中国电动机应用市场主要由四大系列组成：JO2系列、Y系列、Y2系列和YX、YX2系列。

根据中国电器工业协会电机分会的统计数据，2001年中国大、中、小型交流电动机市场总容量约为44100兆瓦，其中大型电动机约为3200兆瓦，占7.3%；中小型电动机为

电动机

新
生
活
新
理
念

40920兆瓦，占92.7%。中小型电动机中小型电动机为31500兆瓦，占中小型电动机总量的71.5%，中型电动机为9400兆瓦，占中小型电动机总量的21.2%。小型电动机是中国电动机市场中量大面广的产品。

中国已具备生产高效电动机的技术条件，但由于市场条件不够成熟，产量和市场容量都较小。1998年高效电动机市场主要是出口美国符合NEMA标准的电动机产量比例还不到2%。1999年高效电动机市场为电动机市场的2%，2000年为4.7%，2001年也只有6.5%。其中70%以上为出口，用于中国市场的产品很少。

目前中国所生产的高效电动机，有32%用于国内市场，67%则出口国外。其中，美国、加拿大（采用NEMA标准）、欧洲（采用IEC标准）和澳大利亚是主要的出口地。

从目前各行业电动机的使用情况看，主要还是Y／Y2系列电动机，而且还有相当一部分是JO系列电动机，高效电动机则主要用于石油和城市给排水行业。从行业对电动机的要求来看，石油、石化、化工、纺织、电力、给排水等行业对高效电动机将有一定的市场需求。

电动机能效水平的提高对于节约能源、环境保护以及资金节约来讲均具有重要意义。我国2001年实际发电量为14650亿千瓦时，其中约有50%的电能由电动机转换成机械能，因此电动机的输入电能为7325亿千瓦时，如果电动机效率提高2%，就可节约146亿千瓦时的电能，相当于2个100万千瓦电站的年发电量，从而可以大大减少一次能源的消耗和二氧化碳的排放，并可相应节省电站建设的投资和电动机用户的电费支出，因此电动机能效水平的提高有着重要的社会和经济意义。

高效电机

由于世界各国的电动机用电量都占到了全国发电量的50%～60%以上，因此提高电动机效率对节约电能具有重大意义。目前电动机虽然具有比较高的效率，然而新的高效设计进一步降低了损耗，提高了效率，节省了电费。设计、材料和制造技术的改进，使得高效电动机比标准电动机在性能上更胜一等。

那么，电动机损耗降多少、效率提高多少才算高效电动机呢？

高效节能电动机

在中国，我们通常说的高效电动机是高效率三相异步电动机，也就是效率水平达到或超过国家标准《中小型三相异步电动机能效限定值及节能评价值》GB 18613P2002所规定的节能评价值的电动机，其总损耗比Y系列电动机降低20%～30%，效率提高2%～3%以上。

在美国，按照美国"全国电气设备制造商协会标准"（NEMA）规定，高效电动机要比标准电动机效率提高2%～6%，损耗下降20%～30%。美国通过1997年10月颁布的EPAct能源法案开始实施NEMA标准作为最低能效标准。此外，美国还出现了超高效电动机，其效率高于NEMA电动机0.8%～4%。

在欧洲，通过"欧洲电动机和电力电子制造商协会——欧盟能源组织协议"，对每一个规格的电动机都规定了高低两档效率指标，产品的效率值低于低指标的称为eff3电动机，介于低指标和高指标之间的称为eff2电动机，高于高指标的称为eff1电动机，即高效电动机。

企业应用的异步电动机依工作状况可分为频繁启动、间断工作和连续工作三类。为了提高电动机的运行效率，要尽可能使生产机械在各种状态下所需要的能量与电动机输入能量相等，有效利用电能。在设计制造部门，要设法降低电动机内部的功率损耗，提高电动机效率。目前研制的高效节能电动机的主要特点是效率和功率因数比普通电动机高。

一般常规电动机的效率曲线是不平坦的，随负载的减小，效率降低幅度较大，使用中的电动机都在低于额定效率下运行。因此，高效节能电动机应满足以下几点：

①按额定功率计算，功率损耗应减少30%。

环保进行时丛书 HUANBAO JINXING SHI CONGSHU

②效率曲线应尽可能平坦。

③轴的中心高和额定尺寸应符合国家标准规定。

高效节能电动机用料较多，成本较高，因此只有在负载率和利用率较高的使用条件下运行，才能在较短的时间内回收投资。

1.提高电动机效率的措施

提高电动机效率，必然着眼于降低电机的5种损耗，即定子绕组损耗、转子绕组损耗、铁芯损耗、风摩损耗和杂散损耗。降低电磁负荷，多用导电材料铜和导磁材料硅钢片，以降低损耗提高效率。对于高效电机，即指总损耗降低20%～30%，在不改变功率等级和安装尺寸的前提下，尽量提高效率，并能与一般电动机互换，便于广泛配套应用于各种通用机械上。

2.中国电动机能效标准

由国家质量监督检验检疫总局发布的国家标准《中小型三相异步电动机能效限定值及节能评价值》GB 18513-2002，于2002年8月1日开始实施。该标准对电动机效率规定了两个指标：一为最低限值，是强制性指标；另一个为节能评价值，是推荐性指标。前者为目前电机效率平均水平，后者比前者提高2%～3%，即高效率电机效率水平。其目的在于淘汰低效产品，逐步实现从一般效率电机转变到普遍应用高效电动机。

电机调速节能

在20世纪70年代以前，工业应用的电力拖动设备80%左右均采用交流电动机的恒速拖动，而变速拖动系统大多数采用直流调速系统，但由于结构的原因，直流电动机存在许多缺点，限制了它的广泛应用。如：

①直流电机需要定期更换电刷、换向器，维护保养难。

②由于直流电机存在换向火花，不能应用在易燃易爆等恶劣环境。

③由于直流电机有换向器和电刷，所以直流电机的容量不能太大，转速也不能太高。

④由于直流电机的结构相对比较复杂，其成本也相对较高。

所以很久以来，在工业生产中大量应用的风机、泵类等需要进行流量调节控制的电力拖动系统中，人们不得不保留交流电动机的恒速拖动，大多采用挡板和阀门来调节风速、流量、压力等。这种方法不但增加了系统的复杂性，也造成了能源大量浪费，因此，人们一直希望能够采用交流电动机调速系统来取代直流电动机调速系统，并在这方面进行了大量的研究开发工作。多年来已经研制出多种交流电动机调速装置，如定子调压调速、变极调速、滑差调速、电磁耦合器调速、串级调速、整流子电机调速、液力耦合器调速和液黏离合器调速等。这些调速系统的研制虽然取得了一定的成果，但仍存在着调速范围

风机水泵

窄、损耗仍偏大、功率因数低、适用负载面窄等缺点，限制了交流调速系统的应用。

随着电力电子技术、微电子技术及控制理论的发展，作为交流调速中心的变频调速技术得到了显著的发展，并广泛地应用于工业生产的各项领域。

以风机水泵为例，根据流体力学原理，流量与转速成正比，风压或扬程与转速的平方成正比，所以轴功率与转速的立方成正比，即 $P \propto n^3$。理论上，如果流量为额定流量的75%，使感应电动机转速控制在额定转速的3/4运行，其轴功率为额定功率的42%，与采用挡板或闸门调节相比，可减少58%的功率；如果流量下降到额定流量的50%，使感应电动机转速在额定转速的1/2运行，其轴功率为额定功率的1/8，与挡板或闸门调节相比，可减少7/8的功率。由于调速转差功率损耗和控制装置的附加功率损耗都比调速减少的功率损耗小得多，实际节电效果还是相当明显的。因此，调速技术应用在负载率偏低和流量变动较大的风机和泵类等流体设备的电力拖

动上可获得显著的节电效益，这也是为什么风机和泵类是调速技术节电应用重点对象的主要原因。

与传动的交流拖动系统相比，变频调速系统有许多突出的优点。

(1)节能

变频器容易实现对现有的交流电机进行调速控制。在工业中，如电厂、矿山和冶金、石油、化工、机械、电子、建材、纺织、轻工等许多行业大量存在需要电机变速及软启动的场合。根据全国第三次工业普查公布的统计数字，我国风机水泵压缩机类通用机械总装机容量为1.6亿千瓦，其中风机约为4900万千瓦，水泵约为1000万千瓦，年耗电3200亿千瓦时，占全国耗电总量的1/3，占工业用电量的40%，在国民经济中举足轻重，节能潜力很大。特别是1998年1月1日我国实施的《节约能源法》第四章第三十九条（二）款明文规定："逐步实现电动机、风机、泵类设备和系统的经济运行，发展电机调速的电力电子技术……提高电能利用率"，近几年的实践证明：通过变频调速来取代阀门、挡板控制，节电效果明显，特别是对于中大容量交流电动机拖动的风机、泵类系统(300千瓦以上)，若采用变频调速，节电效果更加明显，而且回收投资期短，一般为1～2年。变频调速已成为节能的重要手段和重大措施。

(2)调速范围大而且连续

变频调速系统通过连续改变变频器输出频率来实现转速的连续变化，使电动机工作在转差较小的范围，电动机的调速范围较宽，运行效率也明显提高。一般来说，通用变频器的调速范围可达1：10以上，而高性能的矢量控制变频器的调速范围可达1：1000。

(3)容易实现正、反转切换和构成自动控制系统

在电网电压下运行的交流电动机进行正、反转切换时，只需改变相序即可实现。如果在电动机尚处高速时

三相异步电动机

就进行相序切换，电动机内将会产生较大的冲击电流，甚至有烧毁电机的危险。而在变频调速系统中可以通过改变变频器输出频率先使电动机降至低速，再进行相序切换。这样切换电流可以比较小，电动机的功耗和发热也都减小了许多。另外变频器有接口同其他设备一起构成自动控制系统。

(4)启动电流小，可用于频繁启动和制动场合

异步电动机直接启动的启动电流通常为额定电流的5～6倍，电机损耗较大，所需电源容量也很大，因此不宜频繁启、停。采用变频器对异步电动机进行驱动时，可以将变频器的输出频率降至很低时启动，电动机的启动电流很小，因而变频器输入端要求电源

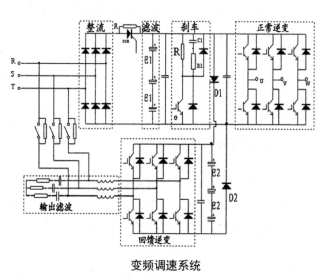

变频调速系统

配置的配电容量也可以相应减小。另外它还可以采用变频器来实现电气制动。制动时变频器的输出频率先逐步减小，负载所存储的机械能将转换为电能回馈到变频器，通过一定的制动回路将这部分能量或者以热能形式消耗掉，或者回馈给电网。因此变频器驱动交流电机调速系统可以工作在频繁启动和制动的场合。

(5)结构简单、运行安全可靠

变频调速系统中异步电机结构简单、坚固耐用，而且通常不需再用齿轮箱等其他变速装置，保养维修都比较简单，可根据工作环境的不同，选择不同的异步电机，而变频器通常不需改变。因此，变频调速系统能应用于易燃、易爆、易腐蚀等恶劣环境中。

鉴于以上所列出的变频调速的部分优点，在交流电机的调速技术中，

变频调速技术是应用面最大、效率最高的。交流变频调速是当代电力电子、微电子、自动控制、传感器、电机等多种先进技术集成起来的一项高技术。近20年的理论发展和应用实践表明，它的调速性能好、节能明显，是电气传动的发展方向；它的应用面宽，为企业节能降耗、提高产品质量和生产效率、最终提高经济效益提供了技术的和物质的支持。因此各工业发达国家都把发展交流电动机变频调速作为技术进步、提高效率和节省能耗的一大措施。凡已经采用变频调速电机的单位大多取得了很好的节电效益，因此变频调速技术在我国的应用有着广阔的前景，也越来越受到政府和企业的高度重视。目前，变频器不但在传统的电力拖动系统中得到了广泛的应用，而且已经扩展到了工业生产的各个领域和家电产品中。

电动机变频调速技术

异步电动机的变频调速是现代最佳的调速方法。它不仅是提供一个可调频率的三相电源，更重要的是根据异步电动机内部的电磁规律进行某些特殊的变换，把本来的定子磁场与转子电流加强耦合，又有电压、电流、磁场、功率、转矩、转速等多变量相互关联的非线性电磁系统，力图模仿直流电机调速系统，而使之简化，以改善交流电动机的调速性能。异步电动机的变频调速技术在实践中经受了考验，已经成为一种比较成熟的实用技术为用户、市场所接受。

为达到提高生产效率和节约能量的目的，必须正确选择系统配置，特别是选择系统中的电动机和变频器，这涉及可靠性、性能和价格三方面的因素。

变频调速系统主要包括异步电动机、变频器、控制环节、负载及传动机构。在选择电动机时不仅要考虑驱动机械负载和使其加速所需的电机容量，还应根据生产环境选择相应的电机防护等级。另外，由于这时电机不是由电网供电，而是由变频器供电（即在变频调速运行时，大部分时间里该电动机不是工作在该电机设计制造的额定工况），会带来谐波、电磁干扰，也许会出现局部过电压、过电流等问题。同时，也须考虑让变频器尽量减少谐波、电磁干扰等带来的不良影响。新的历史时期，把电动机—变频器作为整体考虑以求满足用户需求，达到系统最佳的研究开发工作将会取得新进展。

七、过程能量优化

过程能量是以能量系统为主线，研究能流与物流的最佳结合关系，用多种技术集成，实现最优技术条件的科学方法。过程能量优化技术的应用，对过程工业中单个技术的研究向多项技术的集合发展、单一过程向复杂过程发展起到促进作用，使这类十分复杂和繁重的技术劳动缩短了时间并提高了质量。过程能量优化技术改造属无风险、高回报投资项目。中国研究这项技术的时间与西方发达国家同步，但应用较慢。

过程能量优化技术是计算机技术与过程工业科学技术相结合，研究更有效地利用能量和提高生产工艺水平的边缘科学。

过程能量优化技术的应用，使得过程工业中单个技术的研究向多项技术的集合发展、单一过程向复杂过程发展缩短了时间并提高了质量。

利用计算机技术处理，专业人士根据长期工业生产积累的成熟经验数据编制了计算软件，经过反复的比较、模拟、测算，寻找最佳设计和操作条件，实现工业生产物流和能流更高效利用并可降低生产成本。采用过程能量优化技术，带给企业好的经济效益和环保效益，并获得较高的投资回报率。西方工业发达国家近十年的综合技术就是应用这种方法来设计最佳工况，提高生产效率，降低消耗，占领市场的。

1.过程能量综合技术的概念

过程能量综合技术英文表述为Process Integration，中文名称有过程能量优化、过程能量集成、能量系统优化等，名称不一，内涵基本一致。过程能量综合技术是以能量系统为主线，研究能流与物流的最佳结合关系，用多种技术成，实现最优技术条件的科学方法。过程能量综合是化学

新
生
活
新
理
念

乙烯装置设备

工程中发展最快的领域之一。作为化学工程的一个新的核心部分，它发展于20世纪80年代初，它是过程系统工程(Process System Engineering)的一部分，是继20世纪20年代单元操作技术的拓展，也是化学工程的第三次重大发展。近年来，生产的扩大化和集约化以及市场的激烈竞争，更促进了系统技术(System Technology)的发展，其应用面也超出化学工程的范畴，成为一种有深刻理论基础的应用技术和方法论科学。在某种程度上可以说，除了人们比较熟悉的工艺技术和设备技术外，系统技术是第三方面，而且非常重要。例如，在代表一个国家化工技术的乙烯装置技术市场上，各大公司相互竞争的实质就是系统技术的较量。能量消耗更低和投资更少的生产装置主要来自于高度集成化的过程能量系统的改进。而作为其基础生产装置，裂解—深冷分离管式炉、多级压缩制冷—精馏分离等设备技术，多年来并无很大改变。

从单元设备到相互连接组成一个过程系统，从给定的原料到生产标准的产品，能否在最少的总费用和最小的环境污染条件下安全生产，能否在运行中采取和保持最优的操作条件，都是衡量生产水平的重要指标。显然，它强调整个系统在设计和运行中的结构、合成和能量综合。从这点理解，我们可以把过程的系统技术归纳为三个方面，即系统设计、系统操作和系统控制。系统设计属于基本的、静态的方面，系统控制是动态的方面，系统操作介于两者之间，这三者对于总的优化目标是相互紧密联系的。

过程系统优化从设计抓起才能解决根本性问题。目前与过程操作和系统控制相比，我国系统优化设计的研究开发无论是在重视程度、投入力量，还是在成果应用方面，都还是很不够的。迄今为止，用于实际的过程，设计较多的还是依靠经验、技巧加计算的格式套路，并没有形成一套集成创新的设计体系，所以新技术应用往往滞后。系统工程的主要任务应该是使过程设计从经验和技巧走向科学，把优化和集成贯穿于全过程，这样，才能从源头抓起实现过程系统全面优化。

过程系统设计优化包括两部分：物料优化和能量优化。物料优化涉及原料选择、产品分布、种类和质量标准。这关系到工艺方法、工艺路线、反应条件和生产流程的安排等问题，这些都受市场的左右。不同的产品过程，物料优化差别很大，较少有共性的规律。能量优化即过程能量综合，它关注更多的是在一定物料流程方案的前提下，能量综合利用与相应设备的优化选择以及流程优化组合过程中权衡能耗和投资费用，这是优化任何过程系统的共性。随着日益严格的环保和对操作的可靠性、安全性和市场变化的适应性（系统的柔性）等形成的总体要求，系统优化的思路和技术将渗透在任何一个过程工业的全部环节，而选择最佳本身就是效益。

2.推广过程能量系统优化技术是实现可持续发展的有效方式

(1)能源利用与实现可持续发展的关系

人类在新世纪面临的重大挑战是："在实现可持续发展的条件下，保证社会的能源供应"。目前世界上主要能源仍以石油和煤为主。据有关资料分析，我国未来面临的能源形势相当严峻。

①人均一次能源极其有限。

到2050年，假定可开发的水电260吉（10^9）瓦全部开发完毕（相当于从现在起再增加10个三峡电站的容量），同时核电发展到120吉瓦规模（相当于66个大亚湾核电站），新能源（生物质能、太阳能等）发展到可替代4.6亿吨标煤，这样我国国内每年可供一次能源才达到30亿吨标煤（其中包括煤的年极限供应量19亿吨标煤，人均仅2吨多一点，比1995年增加一倍左右）。然而要使我国进入

冶金工业

中等发达国家行列，人均国内生产总值(GDP按不变价计)应比现在增加10倍以上。如果发展核电和水电以及新能源利用的计划不能如期实现，我国的一次能源就会有相当大的缺口。

②能源强度（单位产值能耗）高。

我国近年来创造同等生产总值所消耗的能源是日本的12倍、美国的5倍，也远高于巴西、印度、墨西哥等发展中国家。

我国石油石化行业大部分企业的单位综合能耗与国际先进水平相比差距不大，尤其在炼油方面已接近世界先进水平，其中主要是系统优化技术的应用发挥了一定的作用。但还应注意到，石油石化在能源综合利用和经济效益方面，还有很大的潜力。经对九江、镇海石化、抚顺石油一厂等部分石化企业进行能量系统优化技术改造还可以再降低炼油综合能耗15～20个单位(千克标油/吨)，投资回收期也仅为2年。由此可见，冶金、电力等国内大型企业均有很大的节能潜力。

目前我国正进行大规模的基础设施建设，国内水泥产量占全球的1/3，因此高耗能企业数量不可能很快减下来。如果2050年国内经济达到增长的目标，能源强度须下降到现在的20%以下才有可能。

③矿产燃料引起的环境污染。

主要是二氧化硫的排放相当严重。空气污染、酸雨、温室效应等都严重地破坏我们赖以生存的环境，其中很大部分都是由于能源发展，特别是对能源矿产的利用引起的。

所以，不管人类能够开发多少新的能源，高消耗、高污染的粗放型生产方式都是自取灭亡。发展节能、节水的集约化生产技术是解决资源缺口和保护环境的最佳手段。

(2)能量优化是节能深化的必然进程

过去，工业企业在大力抓单项节能技术改造方面取得了长足的进步，这是粗放型生产向集约化生产迈进的第一步。近几十年来，世界上许多传统的生产过程能耗一直呈逐年下降趋势，其中大部分不是由于工艺或设备有什么新的突破，而主要是将已有的技术进行过程能量集成、综合匹配，使其产生整体的节能效果。

过程综合是化学工程、系统工程和计算机科学的交叉学科，近十多年来已逐步形成一套理论方法。应用这一科学技术方法，对过程工业（主要是耗能密集型行业）进行能量系统优化改造是节能深化的重要途径。

①传统技术产业渗透高技术产生的变革。

能源技术总体上属传统技术的范畴，技术创新和出现重大突破的机会比高科技学科少得多，但高新技术与传统技术的相互渗透将会导致传统产业的重大变革。如电力电子技术在高压输配电领域的工业应用促成了"灵活交流输电"新技术。这项技术可实现电力系统电压参数（如线路阻抗）、相位角、功率的连续调节控制，从而大幅度提高线路输送能力，提高系统的稳定水平，降低输电损耗，这是常规技术无法实现的。又如，一系列的电子技术，如静止无功发生器、动态电压恢复器、变频调速器等在配电用电系统的应用可大幅度提高用电的质量和效率。据统计，全国推广电子技术每年可节电4000亿度，节材40%～90%，可称为"硅片引起的第二次革命"。

大力推广电子技术

环保进行时丛书 HUANBAO JINXING SHI CONGSHU

第四章 低碳企业，向节能激进

②能量系统优化改造与实际生产紧密结合。

对一个企业而言，应用过程能量系统优化技术是全系统的、宏观的。在总体技术改造规划确定之后，落实单项技术改造的措施是微观的，有新技术的应用，也有常规技术的重新组合，个别技术措施比较简单。

能源技术总体上属传统技术。从事过程能量系统优化的人，用新的学科方法和全面的技术分析来考量用能的合理性和实现系统优化的可行性，而项目来源于企业。长期在生产第一线的工作人员最了解生产情况，能够提出最突出的实际问题。但问题如何解决，解决的方法能否与全局的优化方案结合起来，从而提出全面的技术论证，有一定的困难。进行能量系统优化研究，首先要从全局优化的角度找出能量利用存在的问题，找出各种问题之间技术的、经济的影响关系，对全系统问题进行主次的定位和定性，再进一步作全面的可行性研究，对需要解决的问题作出技术的、经济的定量分析判断。这个研究过程是由一套系统的研究方法和专业配套技术作为支撑的。系统优化是物流与能流的同时优化，装置的操作优化也是研究的重要部分。系统优化积累的实践经验还要与企业生产实际相结合，如解决热源与热阱的合理匹配以及如何选择能实现新技术的设备等问题。从能量系统优化的内涵看，在全局系统优化的把握度方面，与来自生产作业人员直观性地看问题有质的差别。如果通过调查研究，融入双方的意见，经过专业技术加工处理，梳理成技术方向清晰的咨询意见，形成技术改造规划的参考框架，就会帮助企业把握方向做好决策。

③过程能量优化技术改造属无风险、高回报投资项目。

随着市场竞争日趋激烈，企业自身发展需要不断投入，在众多的项目中如何选择投资方向、估计投资风险、计算投资回报和分析投资形势是非常重要的。

投资于过程能量技术改造项目，属能源环保、新技术和大型工程项目，投资风险与单个技术、单项工程比要小得多。由于过程能量优化改造紧密结合生产，立项要经过多方专家严格论证，可杜绝技术方面的失误。因此，投资这种项目是没有风险的，也受到国家的鼓励和支持。

企业经过改造选用一批新技术，能量利用更合理、生产成本降低，效益突出，已做的大量案例表明，最短的投资回收期仅为5~6个月，最长的不超过两年。对一个大型企业，过程能量优化改造可使企业通过优化自身的工艺路线、能源结构产生效益，及时收回投资并表现出强劲的盈利势头，这是可持续发展的具体表现。同样，投资方关注的是如何把手中的资金投向能产生效益的项目，过程能量优化改造正体现了以上两方面的优势。

八、高效节能照明

照明消耗的能源在工业发达国家约占本国能源总消耗量的3%~5%、电力生产量的10%~20%。中国和美国的照明耗电占各自总用电量的10%~12%和20%，尽管这一比例还不是很大，但随着我国城镇建设的飞速发展和人民生活水平的提高，高效节能照明已成为当务之急。据估算，节约1千瓦发电容量的投资不到新增发电容量造价的20%，利用新技术开展节能照明的潜力很大。为此，国家有关部门自上世纪末大力推广"绿色照明工程"。所谓绿色照明，是指推广使用效率高、寿命长、安全可靠、性能稳定的电光源、灯具和电器附件以及调光控制器件组成的照明系统，以节约用电，减少发电对环境的污染，提高人们工作及生活质量。因此，通过科学的照明设计，实现"舒适、科学、方便、节能"的良好照明环境，就是绿色照明的目的。特别是传统的人工照明能效很低、浪费能源、影响环境。推广节能的新型光源，实现节能照明，是实施绿色照明工程的主要任务。最终建成高效、舒适、安全、经济、改善环境和提高人们工作、学习、生活的质量以及保护视力、有益人们身心健康的现代照明系统。

电光源对节能照明具有首要的意义。回顾过去的20世纪，光源的发展经历了两个时期：从白炽灯的出现到20世纪30年代末是第一时期，这是白炽灯发明、改进和成熟的时代；20世纪30年代末开始的第二时期是开发气体放电光源的时代。气体放电光源的时代又可分为两个阶段：第一阶段以荧光灯的普及应用为标志，是低气压放电灯的时代；第二阶段自20世纪60年代中期发明金属卤化物灯和高压钠灯为开端，由此进入高压气体放电灯的照明时代。

回顾历史，可以看到：由于电光源在发光效率、寿命和颜色特性上不断改进，为照明方式的变革和照明应用的发展提供了机会和条件。现代人工光源照明设计理论和应用技术是在电光源发展的第二个时期，即高光效、多品种的气体放电灯问世后才逐渐形成和完善的。

照明系统节能可通过采用高能效照明产品、提高照明质量、优化照明设计等手段达到。节约照明用能的原则有：根据视觉需要，确定照度水平，按所需照度进行节能照明设计；在考虑显色性的基础上采用高光效光源，采用不产生眩光的高效率灯具；室内表面采用高反射比的材料；照明散热与空调系统运行中的吸热或放热结合考虑；安设调控装置，在不需要照明时可及时闭灯；人工照明与天然采光相结合；建立换灯和维修制度，定期清洁照明器具和室内表面。

照明节能的主要技术措施首先是推广使用高光效光源，即能效高、寿命长、安全和性能稳定的光源。白炽灯价格较低，但发光效率很差。近几十年来，荧光灯技术不断进步，先后发展了紧凑型荧光灯以及高性能T8直管形荧光灯(功率为15～58瓦)、T5直管形荧光灯(功率为8～42瓦)。紧凑型荧光灯由于外形、装饰性的限制，多用于替代中小功率白炽灯作局部照明，而配用电子镇流器的直管形荧光灯能适应工作环境的温度变化，还可以用于室外照明。其中T8荧光灯将在传统的荧光灯市场上逐步扩大市场份额，而T5荧光灯则将在新建建筑室内照明中更广泛地使用。

出口指示灯又称安全门灯，我国一般以荧光灯为光源，额定功率在13瓦左右，少部分以白炽灯为光源，额定功率为40瓦左右。目前国外采用发光二极管光源为出口指示灯的光源部件，不但可使出口指示灯在无电源供电情况下维持较长的使用时间，也使指示灯亮度大大提高，在烟雾较大时保持良好的指示功能。

宽大场所用的光源一般采用高强度气体放电灯。此种灯分为金属卤化物灯、高压钠灯和高压汞灯三大类型，它们都是利用弧光放电点灯。金属卤化物灯具有高显色性、高效率、寿命长和低光衰性能，功率选择范围大（18千瓦～10千瓦），可广泛用于户外及室内。而高压钠灯发光效率高、耗电少、寿命长、光色呈金白色，透雾能力强，适用于道路及广场照明。高压汞灯是目前用量较多的灯种。它与金属卤化物灯、高压钠灯相比，光效较低，发光颜色单调、显色性差、污染严重、寿命较短，应逐渐淘汰。但自镇流高压汞灯可不用镇流器运行，初安装费用相对较低，目前在中国农村有一定市场。

采用高效灯具应该在满足眩光限制的要求下，选择直射型灯具，室内灯具的效率不宜低于70%，尽量少用格栅式灯具和带保护罩的灯具。室外灯具的效率不宜低于55%，还应根据不同的使用现场，采用控光合理的灯具、光通量维持率好的灯具以及光利用系数高的灯具。

荧光灯是一种能量转换器件，在电能转换为光能的过程中，镇流器起着重要作用。过去常用的电感镇流器，结构简单，耐用可靠，价格低廉，但功率损耗很大。后来发展起来的电子镇流器，与电感镇流器比较，节约能源，自身的功率损耗仅为电感镇流器的40%左右，工作电流也仅为40%左右，温升少，质量轻，无噪声，无频闪，使灯管寿命延长，光效提高20%，可在低温、低压下工作。应大力鼓励发展。但从我国现实国情出发，现阶段还要以节能型电感镇流器为过渡。

在照明设计中，应选择合理的照度标准值，按不同的工作区域确定不同的照度。照明要求高的场所采用混合照明方式，适当采用分区照明方式，在一些场合下也可采用一般照明与重点照明相结合的方式。

选用适当的控制方式，也可以取得照明节能的成效。可以充分利用天然光的照度变化选择照明控制方式，确定不同条件下照明点亮的范围。按照照明使用的特点，可采取分区控制灯光或设清扫用灯等措施；还可采用各种节电开关，如定时开关、调光开关、光电自动控制器、限电器、电子自控门锁节电器以及照明自控管理系统等。

还应充分利用天然光，如在建筑设计时考虑开顶部天窗采光，利用天

井采光，利用屋顶采光等；可利用集光装置进行采光，如设反光镜，利用光导纤维、光导管等。

　　总的说来，节能照明主要为三个内容：照明设施、设计及管理。具体为以下五个方面：

①开发并应用高光效的光源。

②开发并应用高效率灯具及配套的低能耗电器。

③合理的照明方式。

④充分利用天然光。

⑤加强照明节能的管理。

新生活新理念

第五章

低碳旅游，让绿色更亲近

一、认识旅游服务

旅游服务是指旅游业服务人员通过各种设施、设备、方法、手段、途径和热情好客的种种表现形式，在为旅客提供能够满足其生理和心理的物质和精神的需要过程中创造一种和谐的气氛，产生一种精神的心理效应，从而触动旅客情感，唤起旅客心理上的共鸣，使旅客在接受服务的过程中产生惬意、幸福之感，进而乐于交流，乐于消费的一种活动。

旅游服务包括的方面很广，具体包括如下几个方面：

①为游客提供门票和告知游客如何使用。

②让游客在景区内能快速而有效地找到自己要去的地方和想看到的景点。

③告知游客哪里是安全的、哪里是危险的地方，从而保证游客的人身安全。

④为游客讲解景区的文化，让游客感受到景区的魅力。

⑤满足游客在景区的餐饮和休息等方面的需求。

⑥满足游客对于拍摄和留念的需求。

⑦当游客遇到特殊情况时可以及时得到服务人员的帮助。

随着手机3G视频服务应用的普及。多数人的手机都可以上网。这时，很多景区都在推出景区无线视频监控系统。通过手机能对远程信息点进行实时监控。以上的很多服务游客都可以通过手机来实现了。而且还有很多新增的实用功能. 这样景区就可以更好地为游客服务了。相信不久的将来，随着３Ｇ时代的到来，越来越多的景区都会提供这项服务。

二、绿色规划旅游目的地

新
生
活
新
理
念

　　旅游规划是任何一个旅游目的地必须实施的一项重要工作。规划是"对未来可能的状态所进行的一种设想和构思"，是"在调查研究与评价的基础上寻求旅游业对人类福利及环境质量的最优贡献过程"。规划在旅游目的地绿色管理中具有统帅核心的地位，其意义巨大：

　　绿色规划是旅游目的地绿色管理的依据。编制旅游规划，将对旅游目的地资源开展调查评价，对相关旅游活动需要的资源如人力、财力做出前瞻性安排，旅游目的地在开发和营销活动中需要达到什么目标，需要完成哪些事项，什么时候、怎样去完成，都做出了系统详尽的安排。所以，旅游规划是旅游目的地绿色管理的纲领性文件，是绿色管理的最重要和最直接的依据。依照规划，旅游目的地的管理将是系统和有序的，这是旅游目的地绿色发展的重要保障和标志之一。正因为绿色规划在旅游目的地绿色管理中的这种重要地位和作用，世界旅游组织强调旅游规划在旅游业可持续发展中的优先性和重要性。《议程》在"行动的框架"部分将可持续旅游业发展的规划确定为2005年前政府部门、国家旅游管理机构和有代表性的行业组织应采取行动的第四个优先领域，旅游公司的优先责任之七是"土地使用的规划与管理"。按照《风景名胜区管理暂行条例》规定，我国各级风景名胜区都应当制订包括以下内容的规划：

　　(1)确定风景名胜区的性质；

　　(2)划定风景名胜区范围及其外围保护地带；

　　(3)划分景区和其他功能区；

　　(4)确定游览接待容量和游览活动的组织管理措施；

　　(5)确定保护和开发利用风景名胜资源的措施；

　　(6)估算投资和效益；

　　(7)其他需要规划的事项。

　　对于城市型旅游目的地，市政府制订旅游业发展中长期规划是一个城市申请创建中国优秀旅游城市所必须首先具备的基本要求之一。

为使旅游目的地规划符合可持续发展的思想，规划必须遵循必要的原则：

1.保护优先的原则

中国风景名胜区管理的方针是"严格保护，统一管理，合理开发，永续利用"，保护优先的规划原则是这一方针在旅游目的地规划工作的具体体现。所谓保护优先的规划原则是指在旅游目的地开发规划的编制过程中首先确定需要保护的对象、措施，并以此编制出一个保护规划作为其他内容规划的基础。保护的对象除传统涉及的自然景观、文物古迹，还涉及民情风俗、生物多样性和生态系统、旅游宏观环境保护等内容。旅游资源保护是直接保护，环境保护是对旅游资源和旅游氛围的间接保护，二者缺一不可。

2.科学的原则

由于规划是旅游目的地管理的纲领和直接依据，因此只有科学的规划才能确保旅游目的地实现可持续发展。在旅游目的地的绿色管理中，最大的失误应是规划的失误。"规划和管理不善的旅游可以损害它所依赖的资源。环境和文化的损害可以通过采取和加强合适的规划措施加以避免"。我国在这方面的教训是惨痛的，武陵源、九寨沟、龙门石窟等在申报世界遗产，甚至申报成功以后都有过大拆迁的过程。其原因，一是当初的规划不够科学，在景区内规划了建设项目，或规划建设的项目偏多、规模偏大，或规划中未考虑当地居民的生存生活问题；二是规划执行不力不严。科学规划应在全面调查旅游目的地环境、资源和旅游市场的基础上进行。只有熟悉旅游目的地环境、资源和所规划的目标、项目、措施，才能符合或遵循其规律，使人文因素的渗入与自然环境达到和谐，并相互映衬生辉。旅游市场是旅游经济的效益之源，规划的项目和开发的产品能否满足市场需求是规划可行性研究的一项重要内容。

3.详细化原则

旅游目的地规划一般是在区域性发展规划的基础上对旅游资源开发项目和设施建设所做的安排，它是旅游总体发展规划的进一步落实与细化，

环保进行时丛书
HUANBAO JINXING SHI CONGSHU

也可称为旅游社区概念性详细规划与设计。从目的地产品性质和景观类型角度、国家有关管理部门的从属关系。以及它们的接待、服务功能等方面，可以分为风景名胜区、自然保护区、森林公园、旅游度假区等类型规划。详细化原则是旅游目的地规划强操作性所要求的，也是绿色管理有章可循所必需的。详细化原则要求在旅游目的地总体规划的基础上，分项目或功能区编制更加详细的规划。

4.系统化原则

旅游目的地规划内容众多，在内部需要协调发展目标和资源环境保护、项目开发建设和景观质量维持、居民安置以及参与景区建设保护等，在外部又需考虑和更高层次的区域性旅游发展规划或城市规划乃至区域社会经济规划的协调一致性，所以，必须以系统原理指导旅游目的地规划的编制，做到里外协调，从而确保旅游目的地实现可持续发展。

三、绿色旅游规划面面观

1.环境保护规划

旅游发展规划应"注重对资源环境的保护，防止污染和其他公害"。旅游目的地环境保护规划需要制订环境保护目标、环境保护措施、环境设施建设与布局、垃圾回收与处理办法、大气和水污染的预防与治理措施方案等内容。目前，国内已逐步注意环境保护规划内容，有的对原规划进行修编，增加了相关内容，有的对无环境保护规划的旅游目的地规划实行了一票否决。

乐山大佛风景名胜区管委会在2000年为实施景区跨世纪保护和发展战略，完成了《乐山大佛风景名胜区保护总体规划》的修编，并经国家建设部和省、市专家组评审通过。确定了大佛景区规划面积23平方千米，外围保护带44平方千米。景区环保规划作为其中重要内容，明确将重点对岷江、大渡河、青衣江三江水质监测保护，城市污水和工业污水一律不得沿江排放，必须引出风景区；同时，控制城市跨江发展，控制和搬迁与景区不协调的工厂企业，加强景区用地调整；另外修建乐山至五通桥的公路，取代目前通过景区的公路；减少核心区干扰和压力，保护景区人文、自然资源环境不受人为的破坏。

乐山大佛风景名胜区

云南省昆明市为实现21世纪国际一流旅游城市的目标积极开展了昆明市旅游圈环境规划优化研究，将昆明市旅游圈的环境系统划分为三个子区予以研究：滇池区，即滇池国家级风景区之所在，包括五华区、盘龙区、西山区、官渡区、呈贡县和晋宁县在内的城市四区两县辖区；石林区，即石林国家级风景区所在的石林县辖区；九乡区，即九乡溶洞国家级风景区所在的宜良县辖区。规划年限从1998年至2020年共22年，分为两个规划实施时段，即1998年至2010年和2010年至2020年。并建立了昆明市旅游圈环境不确定性模糊多目标规划优化模型，通过解模比较分析了两种情景下的发展情况，认为第二种情形既符合旅游业自身发展需要，也符合昆明市旅游圈整个社会经济发展结构都较为合理的需要。

云南省将环境保护规划作为旅游目的地规划的一项必不可少的内容，景点必须环保达标，否则旅游规划和开发一票否决。云南省旅游局召开专家咨询会，接受专家们的建议：《香格里拉大峡谷旅游规划》应将香格里拉大峡谷定位为生态旅游区，开展同类旅游资源的比较分析；景区内的道路、卫生设施、标

香格里拉大峡谷旅游区

识系统等要符合和满足生态旅游区的要求，切实注重环境保护的研究和规划。

2.绿色旅游资源与绿色产品开发规划

一般而言，一个旅游目的地旅游资源是丰富多样的，能够满足不同层次类型游客的审美需要。旅游目的地和产品都有一个生命周期过程，在不同的生命周期阶段所吸引的游客的旅游心理和行为有重大差别，如新的旅游目的地对异向型旅游者更有吸引力，而他们更具有绿色旅游者的色彩。外观形式相同的旅游资源在普通观光游客和绿色旅游者的心目中其内涵是有差别的。基于这些原因，旅游目的地或完全将规划主题确定为某一绿色旅游开发，也可部分地规划绿色旅游资源与绿色旅游产品开发，利用市场差别化营销策略推销相关产品。"设计以可持续性为核心的旅游新产品"是《议程》要求的优先领域之一。我国众多旅游目的地已经注意利用绿色旅游产品提高旅游目的地的生命力。峨眉山灵猴是峨眉山长久以来的一道独特的景观，为适应旅游市场绿色化的趋势，风景区在保持原有品牌形象的基础上，利用灵猴优势，在一线天至洪椿坪段规划开发了生态戏猴区，使传统的观光产品提升成了带有一定体验性的生态旅游产品，深受旅游爱好者的欢迎。

新
生
活
新
理
念

3.绿色市场营销规划

旅游规划思想随着我国旅游业的发展而演变，由当初的资源导向过渡到20世纪90年代后的市场导向，20世纪90年代中期以后进入了旅游形象策划的新阶段，三种规划思想具有多方面的差异，旅游形象策划是为了实现旅游目的地在市场中的个性化识别，是市场营销的深入高级化阶段，所以仍然可以纳入市场营销规划。绿色市场营销规划应分析现有绿色旅游市场规模、构成并预测其发展变化趋势，分析绿色旅游产品构成及供给现状，预测其发展变化趋势，分析竞争对手的竞争能力和竞争潜力。在这些分析基础上，通过资源、市场的对应分析，确定自己的绿色目标市场、绿色营销策略和所要达到的营销效果效益。以绿色旅游产品为主题的旅游目的地可单独规划设计它的绿色旅游形象。

4.绿色设计和绿色原材料采购规划

详细规划加强绿色设计和绿色原材料的采购规划是保证旅游目的地实现绿色管理很关键的步骤和措施，因为它在微观和细部给予了绿色观照。如果旅游目的地允许企业化经营或需要一定规模的企业提供服务，那么详细规划中的绿色设计和绿色原材料的采购是对企业具有法规甚至法律效力的强约束。绿色设计主要在旅游资源开发与旅游线路设计，旅游服务设施的具体空间布局或选址、体量高度、色彩外形，能源使用类型与方式，交通运输系统配备，游客准入和旅游行为规范等方面做出规划要求。绿色原材料的采购规划主要是指对旅游目的地内必要建设所需原材料做出购买绿色原材料的规划。它们使必要的建筑设施能从里到外的整体融入旅游目的地的环境中或景观中。在这方面，国外的许多经验值得我们借鉴。例如在挪威，一个保护区域的管理规划一般包括生态管理规划、服务规划和国家公园管理员规划等内容。管理规划要对国家公园的保护法规进行进一步的解释，如给出不同级别的保护区域准入的详细规定，针对不同使用者使用要求的特殊考虑，对呼吸户外新鲜空气娱乐的具体安排和组织，制订详细的信息计划和管理层任务计划。交通规划中保证公交优先并使用环保交通工具，在国家公园内不能使用机动交通工具。禁止建大规模基础设施和高技术标准的大型酒店。德国对保护区内的城镇、村寨、房舍、街道等所有的人文建筑设施都要由专家统一规划精心设计，包括房舍的高低、门窗的风格以及房前屋后的花草树木都有严格规定。他们规定施普雷森林自然保护区为机器禁地，不允许使用乘坐十几人以上的大船和水泥船，避免行船浪大冲刷河岸拍打岸边树根、花草和水面漂浮植物……甚至连固定河岸也只能使用木桩和木板。日本鼓励提供贴近自然的服务设施，并通过特许方式允许承租人经营旅馆、酒店等设施，但经营执照的发放严格按照每个国家公园的游客接待计划、服务质量标准及服务管理资格进行。澳大利亚两百多公顷的天然桥国家公园，是一个观赏萤火虫的好地方，夜晚萤火虫发出的蓝光此起彼伏，星星点点，犹如童话世界一般。为保护这一奇特景观，公园规划建设中不设水电供应设施，公园也无入口大门设施，管理员办公的地方仅仅有两张桌子，根本没有办公室，每个导游人员每次只能带10名个游客上山。

其实，绿色设计和绿色原材料采购规划也是《议程》的优先领域条文精神，如在可持续旅游业发展规划优先领域，对政府性组织、部门和有代表性的行业组织的责任做了如下相关要求：

(1)帮助地方和区域当局就主要资源（土地、水源、能源、基础设施的供应等）、环境要素（生态系统的健康和生物多样化）和文化要素评估目的地的容量。

(2)在交通领域：

开发与推行效益好、效率高和低污染的交通系统；

与地方当局和公司一起保证公共交通的高效运行和交通基础设施的提供，包括在规划建议之中的地方；

同政府部门、社区和旅游公司一道提供为旅游者和当地居民使用的安全的自行车道和步行道，并采取其他措施减少到度假目的地或在度假地内使用私有汽车的需要。

以可持续性为核心的旅游新产品的相关条文有：

只有当所有产品的设计都考虑到环境、文化、社会经济的标准时，可持续旅游目的地才会出现。

保证新的旅游开发尽可能利用实行可持续性管理的供应渠道提供的当地材料；

保证旅游开发中使用的材料和成品都无害于健康或环境；

保证将劳动密集技术用于工程建造之中，特别是在高失业地区，以便创造就业；

帮助开发商严格遵照联合国环境规划署(UNEP)的清洁技术纲要和绿色地球等方案工作，以保持与清洁技术同步。

《议程》第三章旅游公司的责任中也有相应条文，如：

与当地农民和其他公司一道尽量购买当地供应品；

建造新设施时，利用当地（实行可持续管理渠道）的材料和劳动力；

在新的开发项目和更新改造项目中，使用适合于当地条件的技术和材料；

与当地社会讨论开发的规划与机会。

5.地方性内容的规划

除以上内容外，有的还涉及生态管理规划、旅游目的地规划实施的环境影响预评估报告，如天山《天池风景名胜区环境影响评价报告》，将天池景区各项开发与建设项目严格控制在环境保护的范围内。一种是新设置一些部门，主要包括绿色旅游产品开发部和绿色管理委员会，前者是一线部门，后者是二线部门。另一种是在现有部门中指定人员，兼职绿色管理职能，形成绿色管理体系。例如让原质量监督部兼有环境管理职责，形成质量与环境监督部，培训部将绿色产品内容和环境管理纳入定期培训计划。绿色管理组织的负责人一般是企业的负责人，他可以指定一名代表行使管理职能。实施环境管理体系的旅游企业尤其如此，这也是ISO 14001环境管理体系国际标准中的一项基本要求。香港港岛香格里拉酒店是亚洲太平洋地区第一个通过ISO 14001国际环境体系认证的酒店，其绿色管理组织叫"绿色委员会"，委员会由饭店总经理任主任，饭店各部门负责人参加，共10人组成。委员会编制了饭店环境管理体系手

第五章　低碳旅游，让绿色更亲近

册，并负责对员工培训。委员会每月召开一次会议，定期检查部门环境管理情况。杭州海华大酒店则成立了"绿色饭店委员会"，以总经理担任主任，常务副总经理分管具体工作。委员会下设四个小组：以工程部为主的节能降耗组，以客房部为主的节资回收组，以餐饮部为主的绿色消耗组，以人事部为主的培训组。

ISO 14001认证证书

 ## 四、环境预防管理的绿色设计

绿色设计是环境预防管理的重要方法，是从产品生命周期的孕育源头实现绿色管理。《议程》为可持续性而设计所要实现的目标是：保证新技术和产品是按污染小、效能高、社会文化适宜、世界各地共享的原则而设计的。广义的绿色设计包括旅游企业的建筑绿色设计、绿色旅游产品及其生产工艺流程的开发设计、管理流程的绿色设计。所谓建筑绿色设计，是指将旅游企业的房舍、道路场地、接待设施等方面的建设施工规划融入可持续发展理念，满足环境保护与美化、生态与景观安全、人员健康安全舒适方面的要求。旅游产品及其生产工艺流程的绿色开发设计是指研究设计绿色旅游产品，并使其生产工艺流程节能降耗，废弃物和污染排放物少、安全卫生。管理流程的设计，则是将企业的管理流程设计或改造为满足绿色运行管理的要求。这里主要了解一下旅游企业的建筑绿色设计。

1. 因地设计

充分考量地形、气象气候、生物、水、土壤、人文风情等地理因素，在设计上趋利避害。充分将这些要素的有效价值纳入企业未来的生产经营中。建筑体的选址、体量、高度、布局结构，建筑格调、装饰风格、基调色彩，尽量符合当地建筑文化，采用当地建筑材料。通过建材选用和布局手法等因素使建筑体尽量自然采光、采暖，将周边优美的环境借景到室内，达到通风保暖、舒适宜人的效果。这样的设计有利于企业的能源节约，把优美的环境作为产品质量的有机组成部分。饭店客房内部陈设完全一致、但具有景观效应的客房价格高于其他客房。峨眉山红珠山宾馆的餐厅通过落地玻璃墙达到了良好的自然采光效果，更将周边自然景色尽收眼底，真可谓满目青翠、秀色可餐。以多样性为基础，将本地文化理念体现在建筑中，就能使旅游企业的文化品位通过有形建筑展示出来，也符合旅游的文化性质。在欧洲、南美和南亚等地兴起的"地方主义"酒店设计正是体现了这一点。所谓"地方主义"的酒店设计，是指酒店设计吸收了本地的、民族的风格，使酒店体现出一种独特的文化性。

峨眉山红珠山宾馆

2．环境设计

（1）评估环境质量，保护景观资源。在设计时评价当地的空气、水、噪声等环境因素质量以及评估建设项目开发将产生的环境负面影响，例如是否具有或排放大量空气污染物、水体污染物、产生巨大的噪音和光污染的可能。假如可能产生这样的现象，那么设计中就应该采取措施力求避免。在许多建筑施工中，不可避免地会与原有林地、名木古树、文物古迹的保护出现矛盾，那么建筑设计中应有相应的对策，以简单的技术诸如道路改向、缩小路面宽度等方法避开。

（2）铺地的设计与材料。铺地设计应尽可能小，并依据其功能和需

新
生
活
新
理
念

要承载的要求，分别采用材料，确定建设等级。设计选用透水性材料、在可能的地方设计无路缘石或功能兼顾的铺地。

(3)环境绿化设计和建设。通过环境绿化设计和建设，能提高旅游企业的环境舒适度，提高企业的吸引力和员工的工作效率。美国神经心理学家斯伯利博士认为：从大脑生理学角度看，鲜艳的自然景色和绿色办公室环境能有效地刺激右脑，产生创造性思维，能使大脑得到充分休息。绿色生态环境还能使人体皮肤温度降低1℃～2.2℃，脉搏每分钟减少4～8次；血液流动变缓，呼吸均匀。研究资料表明，夏日晴天，666.67平方米的草地每天可蒸发1500立方米的水分，相当于吸收1407百万焦耳的热量，这是10间普通房间的空调机每天开动20小时所产生的冷却能量。环境绿化还能起到提高空气质量，降低噪声等效果。如果说一个旅游企业的绿色形象以绿色标志为有形标志的话，那么优美的绿色环境就是它既无形又有形的绿色标志。旅游企业的绿化设计与建设包括室内和室外，室内主要是绿色客房、餐厅、办公用房楼道、大堂等处。室外绿色设计与建设应首先考虑四周自然林地的利用，同时精心设计和人工建设内部绿地园林、屋顶绿化、绿墙建设。环境绿化设计和建设的另一个重要内容是选用本地花卉树木，这项工作还应与名树古木的保护联系在一起。

3．兼顾游客和当地居民消费需要的设计

外地游客自然是旅游企业争取吸引和提供服务的第一对象。企业的建筑设计和产品设计都应首先充分考虑游客的需求，以便提供的产品和服务令他们满意。随着我国社会经济的发展，人民生活水平的提高，人们已不满足于在家中的一日三餐，健康休闲的需求日益旺盛，甚至春节除夕这样的传统文化消费也前往饭店。所以，旅游企业所在社区的居民日益成为它们重要的顾客，绿色设计不能忽略他们的需求。

4．绿色建筑设计的方法

(1)节约能源的设计

有关统计表明，全球能源的45%用于建筑的采暖、制冷和照明，5%用于建筑物的建造。节约能源的设计，一是根据企业的性质、规模设计人工空调系统，使之达到最优化。二是通过有效设计，充分利用自然光热能量照明保暖或利用自然天气条件降温。三是设计采用透明玻璃钢类材料建造天窗、墙体。四是设计改进建筑体系、建筑保温和气密性等相关的建筑热工问题。譬如建筑物内部的热量是通过维护结构散发出去的，其传热量与外表面传热面相关。在其他条件相同的情况下，建筑物的采暖耗热量随体形系统的增大而呈正比例上升。依据我国《民用建筑节能设计标准》(JGJ26-86)，建议建筑物的体形系数宜控制在0.3以下。因为当体形系数达到0.32时，耗电量指标将上升5%左右；当体形系数达到0.34时，耗热量指标将上升10%；当体形系数达到0.36时，耗热量指标迅升到20%左右。

(2)资源有效利用设计

主要设计重复使用和循环使用资源，设计使用内含能量低或减少的材料。重复使用在建筑上主要表现为对旧建筑的重复利用和对一些建筑材料、构件、配件与设备的重复使用。循环使用是根据使用功能的等级差异，有效使用资源，如中水的利用。内含能量是指建筑材料在开采、运输、制造、装配以及施工、运输过程中消耗的能量以及建筑体建筑时本身施工和场地处理的能量消耗。这要求在技术允许的范围内尽量采用低内含能量的建筑材料与施工技术方法。与钢、铝、混凝土等内含能量相比，尽量使用天然材料和地方材料，将从制造或运输角度降低整个建筑的内含能量。

(3)少污染或无污染及无害化设计

无害化设计主要是通过设计减少建筑废弃物或工艺生产的三废排放，避免光与噪音污染和热污染。建筑装饰材料中的辐射性物质、甲醛等有害性气体物质应控制在允许的指标内。

 五、绿色采购

绿色采购又叫环境友好采购，指采购对环境无负面影响或负面影响相对较小的产品。其产品通常具备以下特点中的一项或多项：具有节能降耗的功能，耐用或能重复使用或者循环使用，低或者无噪声、辐射、污染，卫生安全，低或者无废弃物、废弃物易降解易处置或易回收利用、不包装或包装适度。

旅游企业为实现绿色采购，应遵循一些基本方法原则：

1. 充分有效采购

即采购前审核确实需要的物品的种类、数量、质量，不盲目采购和过量采购，不采购低质量产品。相对高质量产品能耐用或更有效地利用，因此从另一个角度节约了使用数量和采购资金。

2. 零库存采购

减少库存甚至实现零库存，一方面节约了库存场地空间、库存管理成本，另一方面对食品类物质还能实现新鲜、安全采购，其他产品则可以根据整个市场绿色化发展状况，迅速调整，采购更具有绿色特性的产品。

3. 货比三家采购

通过这样的采购，保障采购物品的绿色程度，降低成本。由于绿色管理要求对产品实现"从摇篮到坟墓整个生命周期的管理"，所以采购产品的费用除考虑现时的市场价格，还应对其绿色程度进行评估以及用后处理成本的估价。这样的采购也有利于收集完善市场的绿色信息，加强对供应商的绿色影响，推进其绿色生产的可持续发展，从而推动整个市场的绿色程度。这正是每个企业通过"对其合作伙伴力所能及的影响"（包括采购选择的影响）推进可持续发展的责任和义务的体现。

货比三家采购的重要内容之一是对供给商进行绿色分级管理，建立相对稳定的业务与环境友好合作伙伴关系。可以通过问卷调查或其他方法收集关注对象的绿色经营管理信息，主要的信息有：企业是否实施环境管理并获得环境管理体系认证或绿色标志，环境管理的方针和已有的主要绿色业绩，提供产品的价格、可靠性、废弃物状况和服务，能否自行回收利用废弃物或提供处置办法，能否与采购方建立共同处理其产品使用过程中和使用后所产生环境影响的合作伙伴关系，建立并保持交付产品清洁标准和废弃物处置办法的合作机制。

4．本地采购

本地采购是指在同等条件下优先采购本地的同类产品或替代产品。本地采购的重要意义是多方面的：一是方便与供应方保持密切关系，利于对其产品的经济性能和环境友好性能的评估。二是利于降低库存或实现零库存管理。三是降低对整个社会的交通运输压力，降低产品的运输费用。四是利于保鲜和降低长途运输过程中可能受污染的危险。五是有利于本地经济的发展与就业，充分实现旅游企业的社会效益。

5．租用

租用是一种特殊采购方式，主要适用于临时使用或使用的阶段性强但使用时间较短的物品。

 ## 六、信息化与低碳旅游业

21世纪是知识经济和信息经济时代，现代信息技术已渗透到各行各业的管理中。旅游业绿色管理与传统管理相比，涉及的内容更丰富、范围更广，对信息的准确性和及时性要求更高，协调的难度增加，协调的范围越来越大，因此旅游业绿色管理更有赖于高效的现代信息管理技术。

信息的概念与特点

信息是一切事物、物质某种属性的反映，人们通过它可以了解事物或物质的存在方式和运动状态。它最普遍的形式是信号、消息、数据、事实、知识和情报；它可以交换、传递和储存，是一种能创造价值的资源。

信息具有一些有别于其他事物的特征：

第一，信息的效用性。就旅游业而言，我们可以将与之相关的信息根据不同的环境和对象划分为旅游业发展的宏观背景信息、旅游行业管理信息、旅游企业供给信息、旅游市场消费信息。宏观背景信息包括世界或国家的宏观政治环境信息、宏观经济发展信息、国家产业和区域经济政策等等，它们构成一个是否有利于旅游业发展的平台。旅游管理部门和旅游企业的管理和发展首先需要争取一个利好环境。国家旅游行政和行业部门的管理信息是在宏观背景信息基础上，依据旅游市场（包括供给和消费双方）的历史信息及其展望以法规、文件、统计资料等方式发布。旅游企业供给信息主要是旅游企业提供的产品及其营销信息。旅游消费信息主要是从旅游者的角度考虑的，包括消费规模、消费偏好、消费者构成、旅游流向诸多内容。这方面的信息是各层次旅游企业和政府管理部门管理的最基础的基本信息。旅游信息的效用表现为对旅游产业或旅游企业、目的地的有利或不利影响。可持续发展时代的到来这一宏观背景信息对旅游业提出了新的要求，旅游市场绿色消费的兴起既是对可持续发展战略实施的市场响应，又是旅游市场发出的新的旅游需求信息。

第二，信息的传递性。信息借助于一定的载体在信息源和信息接收使用者之间运动，这一现象就是信息的传递。信息的载体首先是语言、文字、图像和符号，其次是纸张、磁带、胶片、磁盘和光盘等。现代信息网络技术就是一个无所不在和无时不在的无限巨大的信息载体。

第三，信息的共享性。信息能在同一时间被多人使用或在不同的时间被一人多次重复使用。人们通过信息的共享交流，激发出新的信息。

第四，信息的时效性。它是指信息由发出、接收、加工、传递到被采用的时间间隔和效率。这表明信息在一定时段是有用的，或者说对于某旅游部门或某旅游企业抑或某旅游者具有有利影响的一面，并随着时间的流逝，这种有利性逐渐减小直至不会产生负面影响。信息的时效性要求对信息即时采用、即时更新，因此加强时间管理是信息化时代的必然结果。

第五，信息的可加工性。信息的可加工性是指信息利用者根据自己管理的需要，对发出或者接收到的信息进行识别筛选、整理归纳、分析利用。

信息化对旅游业的影响

信息化是指基于现代INTERNET技术的信息被强烈的资源化、经济化和产业化现象。信息化使得信息的固有特征更加突出，信息的效用作用增强，正如WTO秘书长弗朗加利2000年5月在汉城OECD会议上所说的那样"今天，信息已成为旅游业的生命线。IT已成为旅游业的核心。一整套IT体系正渗透到整个旅游业中去。谁都无法逃脱它的影响"。网络技术使得信息以光的速度传递，加强了信息的时效性，实际上使信息具有实时性的特点。同时信息实现了全天候传播与利用，信息几乎覆盖了地球的每一个角落，实现了"天涯若比邻"的梦想。这导致各种旅游组织的外部环境日益复杂多变，不确定性增加。旅游组织，特别是旅游企业所面对的竞争对手的时空概念发生了根本变化，企业竞争的实质已经从产品、市场转向信息和时间的竞争。信息时代不同于传统时代的一个显著的市场特征是导致市场权利的转移。按美国人纽伯格的观点，权利有四个来源：一是传统，如国王、酋长，与生俱来大权在握；二是授权，如任命授权；三是资本，如土地，金钱；四是信息，谁掌握的信息多，谁的权利就大。在信息时代，整体的市场权利中心由企业转移到了客户身上，所以客户成了企业的一流资产，与资本和劳动力一样，被精心地管理着。客户投资和客户关系管理成为企业十分重要的管理课题。信息的直接快速交流和实时性使旅游管理组织系统出现扁平化趋势。网络技术造就了信息共享的互动时代，并通过多媒体技术使信息具有了直观性和生动性，整体上构筑了一个虚拟世界，迎来了一个电子商务时代。

信息的载体

新
生
活
新
理
念

信息化在旅游业绿色管理中的应用

借助现代信息技术，旅游业绿色管理大有作为，集中体现在以下几方面：

1．在线销售绿色旅游产品，提供绿色旅游咨询预订服务

目前，已有大量的国内外旅游网站，包括国家旅游行政管理部门网站、各层次区域旅游网站、景点旅游网站、饭店和旅行社等旅游企业网站。

2．导购绿色旅游产品，培养绿色旅游市场

网络旅游的直接销售和虚拟环境，在一定程度上消除了传统营销模式下旅游者处于盲购的状态，但仍然无法改变必须现场消费才能真实感受旅游产品及其满意程度。旅游购买不同于一般商品的购买，它是一种依据心理图景决策的非亲历性购买。这决定了旅游传媒给潜在旅游者（即受众）的信息是十分重要的，信息充分，有助于吸引他们的注意，从而使其产生旅游兴趣和欲望，最后决策购买旅游行动。当旅游者亲历观览感受的与其当初期望的心理图景一致时，便有了满意的旅游。旅游者的这种被动地位决定了旅游企业拥有开展绿色旅游产品导购的主动性，并由此培育出一个可观的绿色旅游市场。

3．预测旅游流，通过预报引导实现有序流动

在景点区，可以通过带磁条形码门票，自动记录进入的游客数量、进入或到达某景点的时间，利于统计和流量流向的预测，对有可能或已超容量的景区点，及时采取措施疏散游客，保持最佳旅游容量和旅游氛围。如果全国景区点都能连接入国家旅游网，则有利于国家对旅游景区点的绿色管理，特别是那些需要国家重点监测管理的景区点，如世界遗产地、国家重点风景名胜区、国家重点自然保护区等等。我国利用信息管理技术，通过预报和及时发布已接待人数，成功地引导了黄金周旅游。

4．对景点区进行资源和环境监测，确保其安全

这方面随着技术的更加成熟，将变得越来越容易。主要是通过卫星航天技术和全球定位系统(GPS)、图像处理系统等实现对景区点资源和环

境的全天候监测，在防止大型火灾和其他自然灾害方面尤其实用。对水域景区，特别是濒海景区的大型人为污染如油轮泄漏污染，的监测和清理恢复也十分有用。

5. 提供虚拟景观旅游，体会不曾或不允许到达的旅游资源景点

这一点可以通过虚拟现实技术实现。所谓虚拟现实技术是指利用计算机硬件与软件资源的集成技术，提供一种实时的、三维的虚拟环境，使旅游者完全可以进入虚拟环境中，观看并操纵计算机产生的虚拟世界，听到逼真的声音，在虚拟环境中交互操作，有真实感觉，可以讲话，并且能够嗅到气味。如今互联网上主要提供商务信息支持

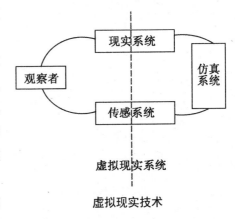

虚拟现实技术

和少量的风光照片，缺乏真正具有强烈景观美学和身临其境感觉的景观虚拟旅游环境支持系统。但在一些局部地点已开发这类产品，如上海城市规划展览馆中开发了虚拟上海城市旅游产品。按照绿色旅游管理，景区景点的核心区是禁止进入的，而人们又都知道核心区的景观通常是最具特色和最美的，总有一种向往的心理。缓解这一矛盾的最佳方式就是建立核心景区景观的虚拟现实系统，让游客通过虚拟现实更充分完整地领略景区之美。事实上，景观虚拟现实系统的建立和使用还能对游客起到导游的作用。自然虚拟现实技术还可以对历史上已消失的旅游资源和遗产实现某种意义的"还原"，让人们一睹其风采。